长江经济带研究丛书
生态文明建设与绿色发展系列

生态文明建设与高质量发展研究

长江源

主　编　邓宏兵　李江敏　朱荆萨
副主编　郭小玉　卢　杰　焦弘睿　汪钰婷
编　委　李　辉　明海英　杨佳峰　何晓刚
　　　　杨　柳　王玮琨　庞　元　覃　爽
　　　　魏雨楠　郝婧男　张佳浠　覃　纯
　　　　刘恺雯　余雅君　胡心怡　郭声凯

中国地质大学出版社
ZHONGGUO DIZHI DAXUE CHUBANSHE

今年是地大校庆70周年,我们实施"大学生长江大保护行动计划",组织大学生长江源科考活动,引领推动全社会共抓长江大保护。希望广大青年把爱国情、强国志、报国行自觉融入新时代追梦征程,以青春光彩擦亮长江大保护底色。希望社会各界加入我们,共建"地学长江""生态长江""文明长江"!

黄晓玫
中国地质大学(武汉)党委书记

建校70年来,地大彰显"上天、入地、下海、登极"的豪迈气概,努力培养自然资源行业领军人才。我们组织大学生长江源科考活动,主要目标是深入践行习近平生态文明思想,引领大学生投身社会实践,为守护好一江碧水贡献青春力量。希望社会各界加入我们,共建"地学长江""生态长江""文明长江"!

王焰新
中国地质大学(武汉)校长

总 序

世界文明往往始于大河,中华文明亦是如此。长江流域为中华民族的繁衍、崛起提供了丰富的物质基础和优越的自然条件,成为中国重要的战略区域。长江经济带不仅是我国的经济重心,更是集文化、生态、区位资源优势于一体的核心枢纽地带,长江流域和长江经济带的地位和作用不言而喻。改革开放以来,长江流域社会经济发展取得了举世瞩目的成就,同时也面临着严峻的生态环境形势。处理好生态环境与经济发展之间的关系是长江经济带沿线各省市的共同目标和夙愿。实施长江经济带战略,依托"黄金水道"实现长江流域绿色高质量发展是我们当前的重要任务。

党的十八大以来,中央高度重视长江流域和长江经济带的发展。2016年1月,习近平总书记在重庆调研并主持召开推动长江经济带发展座谈会;2018年4月,习近平总书记在武汉调研并主持召开深入推动长江经济带发展座谈会;2020年11月,习近平总书记在南京调研并主持召开全面推动长江经济带发展座谈会。习近平总书记高度重视长江经济带暨长江流域保护与发展问题。他强调,必须从中华民族长远利益考虑,把修复长江生态环境摆在压倒性位置,共抓大保护、不搞大开发,努力把长江经济带建设成为生态更优美、交通更顺畅、经济更协调、市场更统一、机制更科学的黄金经济带,探索出一条生态优先、绿色发展新路子。推动长江经济带发展是党中央作出的重大决策,是关系国家发展全局的重大战略。长江源地区是长江经济带暨长江流域的源头,地位十分重要。2016年3月10日,习近平总书记参加十二届全国人大四次会议青海代表团审议时强调,保护好三江源,保护好"中华水塔",确保"一江清水向东流"。2016年8月22日至24日,习近平总书记在青海考察时强调,保护三江源是党中央确定的大政策。2021年3月7日,习近平总书记参加十三届全国人大四次会议青海代表团审议时指出,青海对国家生态安全、民族永续发展负有重大责任,必须承担好维护生态安全、保护"三江源"、保护"中华水塔"的重大使命。长江源地处"世界屋脊"青藏高原之上,是全国生态系统最脆弱的地区之一。雪线上升、冰川退缩、水土流失、荒漠化和草地退化等问题凸显,直接威胁着长江源区乃至整个流域的生态安全。长期以来,党中央高度重视长江源生态保护。《中华人民共和国国民经济和社会发展第十四个五年规划和2035年远景目标纲要》中明确提出:"加快推进青藏高原生态屏障区、黄河重点生态区、长江重点生态区和东北森林带、北方防沙带、南方丘陵山地带、海岸带等生态屏障建设。加强长江、黄河等大江大河和重要湖泊湿地生态保护治理,加强重要生态廊道建设和保护。"长江流域高质量发展必须重视长江源头。习近平总书记的讲话精神和中央文件精神不仅为长江经济带高质量发展指明了方向,也为长江流域及长江经济带高质量发展研究提供了重要指南。

20世纪80年代中期以来,我们即开始关注长江流域资源环境发展问题,偶有所获。20世纪90年代中后期,在国家自然科学基金项目"两千年来湖北人口、资源环境与发展空间变迁规律研究"和国家社会科学基金项目"长江流域经济发展与上中下游比较研究"的支持下,我们围绕人口、资源环境发展系统协调机理及长江流域经济发展区域差异规律进行了研究,对长江经济带问题进行了初步探讨。进入21世纪以来,我们的关注点相对聚焦在区域发展质量、区域生态安全、新型城镇化、创新发展、投资环境与产业发展等方面。特别是在2013年度国家社会科学基金项目"长江中游城市发展质量测度及提升路径研究",2014年度国家社会科学基金项目"长江经济带新型城镇化质量测度与模式研究",2016年度国家社会科学基金项目"长江经济带节点城市的要素集聚功能研究"和中国地质大学(武汉)"地学长江计划"核心项目群项目"资源环境约束下武汉市绿色发展质量与产业布局优化研究",中共湖北省委生态文明改革智库湖北省生态文明研究中心2022年开放基金项目"长江源生态文明建设与高质量发展研究"、2023年度开放基金项目"长江流域典型及关键地带生态文明建设与高质量发展研究"等项目的支持下,我们围绕长江经济带高质量发展、生态文明与绿色发展、城市发展与新型城镇化等问题进行了较深入的研究,取得了一些成果。为更好地总结这些研究工作,服务长江经济带战略,我们有计划地归纳提炼这些成果并以《长江经济带研究丛书》的形式结集出版。根据研究内容分别形成高质量发展系列、创新发展系列、生态文明建设与绿色发展系列、产业发展系列、城市与区域空间结构及效应系列以及发展报告与皮书系列。

邓宏兵

2023年6月

或近或远长江源

（代序）

长江源，教科书式的存在，存在于教科书，从小就映入脑海，是那样的近，又是那样的神圣而遥远，刻骨铭心的、记忆中的遥远。

你从雪山走来，是那样的洁白，是那样的神秘莫测，抑或是世界屋脊上飘曳的哈达，抑或是一朵盛开的雪莲花……

窗外的雪花提醒我江城武汉的冬天已经到来。忽然想起，高温肆虐的时候我们正在长江源头，一个冰雪覆盖、大雪纷飞的地方。

"去了吗？""去了！"

"真的去了吗？""去了又回来啦！"

"还想去吗？""不想了！"

不过还是要弱弱问一声："下次什么时候再去？不要忘记喊我同行……"

2022年7月15日离开武汉，8月1日晚12点到家。我的青藏高原长江源科考在期盼中开始，在收获中结束。回首长江源之行，感慨万千，难以诉诸笔端，但又想写点什么，每每动笔又不知从何写起，或以没时间而自慰。

2022年7月13日，我在东湖宾馆偶遇著名作家刘醒龙先生，相识不到一分钟便要告辞，基于礼貌，我得合理解释为何如此匆匆。我说我马上要去长江源，还没准备行李，还有几件急事需要处理。"长江源？长江源我去了！"刘先生说道，一听刘先生去过，再急再忙我也要坐下来请教，因为对于梦中的长江源，我直到那时还一无所知。原来，《楚天都市报》主办的"万里长江人文行走"活动曾邀请刘先生领衔，从上海吴淞口直达青海沱沱河沿。沱沱河之上刘先生没去，我说我们的工作大抵从沱沱河沿开始，相约回来后交流。刘先生以作家的视角，将其参与"万里长江人文行走"活动的经历撰写成了《上上长江》一书。骄阳似火的夏天之后武汉又遭遇新型冠状病毒袭击，半年过去了，我想我也要带本书去拜会刘先生。一同度过长江源科考时光的队友们一拍即合——我们应该写点东西，记录那激情燃烧的时光。不想写成专著，匆匆考察还没达到那个深度；不想写成散文，我们有太多的感想但没那个天赋；不想写成游记，我们不是自驾游，是科考没游无以记。我们只想写给自己，只想记录某年某月某日我们曾经去过的地方、曾经做过的事。于是,这本书成了杂烩,但感觉是那样的真实,因为那是我们用双脚、用生命奏出的乐章。

时逢中国地质大学70年校庆,学校组织了第二次大学生长江源科考。此次长江源科考活动以"长江大保护"为主题,由中国科学院院士殷鸿福、王焰新、谢树成领衔。科考队分为地质组、地理组、水文与生态组、冰川勘测组、人文与社科组五个小组,我们参加了人文与社科组的具体活动。人文与社科组紧紧围绕"长江源人文与社会经济高质量发展"这一主题,聚焦"长江源生态文明与绿色高质量发展、长江源居民可持续生计与幸福感"两个问题,完成了"入村串户探访高原牧区振兴之路、协作共觅长江源生态文明建设之策、雪域高原唱响长江大保护之声"三项工作,取得了"长江源高原牧区生态文明建设与绿色高质量发展的系列科研成果、习近平生态文明思想实践教育的思政教研成果、长江源生态文明建设与高原牧区绿色发展研究的协同持续平台建设成果、弘扬传播地大精神地大文化的社会宣传效应和成果"四大成果。

此次科考得到各方面的大力支持,学校高度重视,社会各界高度关注并积极支持。人文与社科组特别感谢长江水利委员会长江科学院西宁分院副院长张永研究员、格尔木市唐古拉山镇白玛多杰镇长等的支持和周到安排。本次科考得到中国地质大学(武汉)2022年教学研究项目(2022171)"长江源科考'三全育人'示范项目"、中国地质大学(武汉)2021年教学研究项目"投资与区域经济课程协同建设与拓展路径研究"、中国地质大学(武汉)基层教学组织项目"区域经济学科教融合创新育人团队"的大力支持。《长江源生态文明建设与高质量发展研究》是此次科考的成果之一,本书出版得到中共湖北省委生态文明改革智库湖北省生态文明研究中心2022年度开放基金项目(SWSZK202203)"长江源生态文明建设与高质量发展研究"及2023年度开放基金项目"长江流域典型及关键地带生态文明建设与高质量发展研究"的大力支持及经费资助,同时得到国家社科基金2020年后期资助项目(20FGLB017)"流域生态文明建设研究"、2022年度湖北省长江国家文化公园建设研究课题(HCYK2022Y21)"非物质文化遗产活态传承赋能长江国家文化公园发展战略"等项目的支持。

…………

离开长江源是暂时的,再访长江源是期待的,以札记记录那段时光和经历。

致敬或近或远、不近不远的长江源。

是以为代序。

邓宏兵

2023年元旦

目 录

第1篇 认识长江源

人类命运共同体:我们只有一个地球 …………………2
世界屋脊:青藏高原 …………………………………3
中华水塔:三江源 ……………………………………4
追溯母亲河:长江源 …………………………………6

第2篇 走进长江源

进军长江源 ……………………………………………10
探秘盐湖大世界 ………………………………………12
寻访长江源村 …………………………………………15
翻越昆仑山 ……………………………………………22
穿越可可西里 …………………………………………24
徜徉长江源头第一镇 …………………………………27
挂牌雪域高原 …………………………………………30
偶遇民间河长 …………………………………………32
深入高原牧区 …………………………………………34

V

宣誓各拉丹冬峰 …………………………………… 37
缅怀一个人 ………………………………………… 39

第3篇 思考长江源

长江流域高质量发展从源头开始 …………………………… 42
长江源区绿色高质量发展问题与路径初探 ………………… 46
长江源区"源文化"的内涵和精髓 …………………………… 51
长江源区生态旅游发展思考 ………………………………… 58
长江源区居民可持续生计发展研究 ………………………… 67
长江源区居民幸福感现状与提升策略研究 ………………… 75
长江源区居民生产生活状况调查与分析 …………………… 83
长江源区主要生态环境问题与保护对策 …………………… 90
长江源区生态文明教育面临的问题与深度推进路径 ……… 97
习近平生态文明思想"三进"研究进展与研究框架设计 …104
习近平生态文明思想进中小学课堂之探索与思考 ………115
青藏高原野外生态文明思政教育和课堂建设研究 ………123
协同推进生态文明建设与共同富裕 ………………………129

第4篇 梦绕长江源

求索高原牧区乡村振兴与生态文明建设的衔接路径 ………138
青衿之志,履践致远 …………………………………………143
在洪流中看见具体的人 ………………………………………148
共饮长江水 ……………………………………………………152
不尽长江滚滚流 ………………………………………………155

第1篇 认识长江源

人类命运共同体:我们只有一个地球

焦弘睿

党的二十大报告指出:"从现在起,中国共产党的中心任务就是团结带领全国各族人民全面建成社会主义现代化强国、实现第二个百年奋斗目标,以中国式现代化全面推进中华民族伟大复兴。"中国式现代化要求促进人与自然和谐共生,推动构建人类命运共同体。"人类命运共同体"是一种具有社会主义性质的国际主义价值理念和具体实践。

宇宙中只有一个地球,人类也只有这个地球。人类与地球有着共同生存、共同发展、共同安全的命运。我们应以人类命运共同体的理念,促进国家、民族、地区、企业、家庭和个人之间的和谐互助、共存共荣,把文明的可持续发展和全人类的幸福作为我们维护共同家园的使命——保护地球是全世界人民的责任和义务。

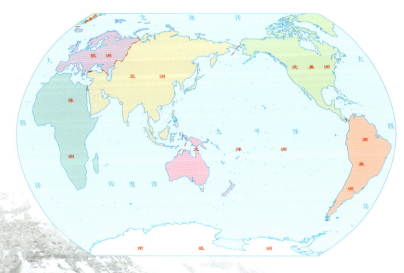

世界地图[审图号:GS(2016)1566号;自然资源部监制]

世界屋脊：青藏高原

焦弘睿

青藏高原被称为"世界屋脊""地球第三极"，是我国和亚洲很多国家的江河发源地，是我国水资源安全的战略基地。作为全球气候变化的"感知器"与"敏感区域"，青藏高原对全球气候变化影响巨大。青藏高原分布着丰富多样的特殊生态系统类型和珍稀动植物种类，是全球生物多样性保护的重要区域。随着全球气候变暖，青藏高原上的高原冰冻圈及高寒环境条件下的脆弱生态系统受到了一定程度的影响，引起全球关注。当前，人类活动对环境的影响不断加剧，高原冰川消退，草地退化，生物多样性受到威胁，自然灾害增多，生态环境问题日益严重，青藏高原生态环境研究和保护刻不容缓。

雪域高原风光（焦弘睿 摄）

中华水塔：三江源

汪钰婷

三江源地区（李辉 制图）

被誉为"中华水塔"的三江源地区，是长江、黄河、澜沧江的源头，地处"世界屋脊"青藏高原腹地。唐古拉山、昆仑山及其支脉可可西里山、巴颜喀拉山、阿尼玛卿山等众多雪山的冰雪融化后，汇流成哺育中华民族的长江、黄河和澜沧江等大江大河，呈现三大江河起源于同一区域的地理奇观。纵观人类文明发展史，生态兴则文明兴。三江源地区既是我国面积最大的自然保护区，也是国内外高海拔地区生物多样

长江源冰湖风光(焦弘睿 摄)

性最集中的地区,更是国内外生态最敏感的地区,保护三江源具有全国乃至全球意义。党的二十大报告指出,尊重自然、顺应自然、保护自然是全面建设社会主义现代化国家的内在要求。践行中央精神,保护三江源时不我待。

追溯母亲河：长江源

汪钰婷

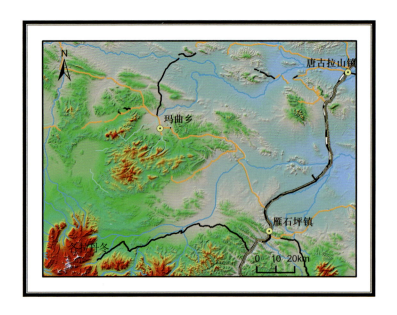

长江源(本次科考区)(李辉 制图)

长江源即长江的源头，长江三源分别为北源楚玛尔河、正源沱沱河、南源当曲。

以为直即源、为高即源、为美即源、历史习惯以及河流结构五个标准来说，沱沱河一般被认为是长江正源，但由于其长度和流量不及当曲,因此长江正源问题目前还存在争议。长江正源是一个宽阔的地理单元,它包括昆仑山至唐古拉山间的广阔地域,东西长约400km,南北宽约300km,总面积达10万多平方千米。长江发源于青藏高原上的唐古拉山主峰各拉丹冬峰,自然景观十分壮观。

楚玛尔河(李辉 摄)

去各拉丹冬雪山考察的路上（李辉 摄）

科考队队员向各拉丹冬峰进发（焦弘睿 摄）

长江源头的温泉（李辉 摄）

第2篇

走进长江源

进军长江源

汪钰婷

2022年7月13日,在中国地质大学(武汉)东区报告厅隆重举行了第二次大学生长江源科考队出征仪式。共青团湖北省委书记周森锋、湖北省教育厅副厅长周启红等嘉宾,校党委书记黄晓玫、校长王焰新、副校长赖旭龙等领导莅临出征仪式现场,副校长王华主持了出征仪式。出发之际,我们深刻领悟到地大师生始终坚持和热爱的"上天、入地、下海、登极"究竟是什么——这是地大人的精神、地大人的抱负、地大人的情怀、地大人的诗和远方。

2022年7月14日,出发前夕,没有高原经历的我们怀着忐忑的心情进行着最后的交接确认工作。在这一过程中,我们愈发清楚地认识到,要顺顺利利完成此次考察不是一件容易的事情。从团队物资的准备、个人物品的整理到和华为终端有限公司有关高原健康研究合作的预演,每一个细节的反复确认都在紧张有序中进行。

张永研究员(左)、白玛多杰镇长(中)和邓宏兵教授(右)(焦弘睿 摄)

这几天我们脑袋里想的、耳朵里听的都是长江源、各拉丹冬雪山、唐古拉山、沱沱河、可可西里、雁石坪、格尔木……眼前浮现的是雪域高原灿烂的阳光和碧蓝的天空、牦牛、羊群……一颗颗激动紧张的心期盼着早点到那片远离尘嚣的净土，探求神秘的地学奥妙，饱览高原牧区美景。

2022年7月15日，准备半年之久的中国地质大学(武汉)第二次大学生长江源科考队正式启程，从武汉奔赴格尔木。格尔木市是此次科考的第一站，也是科考的后方大本营。在这里，我们要作适应性体验并补充物资。在格尔木机场，科考队受到热烈欢迎，洁白的哈达让我们感受到了高原人民最淳朴、最诚挚的热情。从格尔木机场到宾馆，全体科考队队员兴奋不已，一路欢歌笑语，看着窗外的蓝天白云顿感自然之宏伟。格尔木的天空一望无际，道路两旁笔挺的杨树深深地扎根在大漠深处，抵御风沙，守护着一方水土。西北的广袤无垠让人生出对生命的敬畏之情。在科考任务正式展开之前，我们首先要学会敬畏自然，与自然和平相处，唯有如此才能圆满完成接下来的科考活动。

青海省政协委员、长江水利委员会长江科学院西宁分院副院长张永研究员和格尔木市唐古拉山镇白玛多杰镇长对此次科考活动给予了大力支持和周到安排。

探秘盐湖大世界

焦弘睿

从格尔木机场前往酒店的途中,我们看到了"盐湖循环经济区""打造世界级盐湖产业"等多个宣传标语和标识标牌,对盐湖心生向往,都在好奇盐湖究竟是怎样的。2022年7月16日,我们前往察尔汗盐湖,一睹其风采。

人文与社科组成员在察尔汗盐湖考察留影(郭声凯 摄)

察尔汗盐湖是中国最大的盐湖,是世界上最著名的内陆盐湖之一,秀美风景早已远近闻名。几亿年前,柴达木地区曾是万顷汪洋大海,由于青藏高原隆起,海陆变迁,该地区成为盆地。柴达木盆地有众多大大小小的湖泊,其中察尔汗盐湖最大、最有名。在蒙古语中,"察尔汗"意为"盐泽"。察尔汗盐湖由达布逊、南霍布逊、北霍布逊、涩聂4个盐湖汇聚而成,其最低点海拔为2200多米。

无人机拍摄的察尔汗盐湖鸟瞰图(李辉 摄)

盐湖资源是青海省的一大优势,为青海省经济发展打下了坚实基础。察尔汗盐湖中的钾盐、镁盐、锂盐资源储量居全国首位,潜在经济价值达百万亿元。2016年8月,习近平总书记在青海考察时指出,盐湖资源是青海的第一大资源,也是全国的战略性资源,务必处理好资源开发利用和生态环境保护的关系。综合开发利用盐湖资源,关乎我国粮食安全,关乎国家未来资源接替及新材料、新能源多个重要产业在全球的战略竞争力,有利于实现碳达峰、碳中和目标,促进稳藏固疆,推动经济社会高质量发展。在青海省经济发展过程中,政府高度重视盐湖资源的合理开发与利用。2021年2月,《青海省国民经济和社会发展第十四个五年规划和二〇三五年远景目标纲要》中指出"全面提高盐湖资源综合利用效率,着力建设现代化盐湖产业体系,打造具有国际影响力的产业集群和无机盐化工产业基地"。2021年底,青海省人民政府、工业和信息化部联合印发《青海建设世界级盐湖产业基地行动方案(2021—2035年)》,为青海省盐湖产业高质量发展指出了更为明晰的方向。在2023年青海省政府工作报告中,进一步提出青海省近五年工作重点将围绕打造世界级盐湖产业基地、国家清洁能源产业高地,实施工业高质量发展"六大工程",加快建设盐湖资源综合利用、新能源、新材料、有色冶金等四个千亿级产业集群。推进基础锂盐、高纯碳酸锂等产能建设,引导盐湖产业向新材料领域拓展。

察尔汗盐湖中的盐矿结晶(李江敏 摄)

从察尔汗盐湖返回格尔木市区途中,我们考察了该地区的风沙地貌。广袤的沙丘无边无际,飞驰的车辆川流不息,向我们展示着大西北的壮阔与美丽。

格尔木的风沙地貌(李辉 摄)

寻访长江源村

汪钰婷

2022年7月17日,在唐古拉山镇白玛多杰镇长等镇、村领导的带领下,我们参观调研了长江源村。长江源村原位于青海省海西藏族自治州格尔木市唐古拉山镇沱沱河沿,2004年为了响应国家三江源生态保护政策的号召,牧民朋友们自发搬迁至格尔木市郊的长江源新村。搬迁到格尔木市郊后,村民们在政府多项扶持政策的帮助下,积极融入城镇生活环境,同时保持着自己的文化传统。

长江源村调研第一站是长江源村村史馆。馆内具有民族特色的老物件整齐陈列,一张张记录长江源村发展历程的照片悬挂在墙壁上。村史馆里记录着长江源村的历史,收藏着过去村民在雪山脚下生活时的日常用具,展示了长江源村在"红色党建""生态环保""民族团结""乡村振兴"等多个方面获得的各种荣誉。

唐古拉山镇镇长白玛多杰向科考队师生介绍长江源村历史
(郭声凯 摄)

参观完村史馆后,白玛多杰镇长和张俊卿副镇长带领我们参观了村容村貌,走访了当地居民。漫步长江源村宽阔的街道,石块垒砌的藏式建筑物和周围的民居浑然一体,具有非常鲜明的民族特色。搬迁后,长江源村村民不再靠山吃山,有的进行自主创业,有的外出务工,生活越来越富足。近年来,长江源村大力发展乡村旅游产业,打造绿色生态环保的乡村生态旅游产业链,建设了具有民族特色的文化街道,并大力发展养殖产业。2016年8月22日,习近平总书记来到长江源村考察生态移民、民族团结和基层党建工作,同藏族同胞共话幸福生活。长江源村家家户户都飘扬着鲜艳的五星红旗,我们深切感受到村民们对党的感恩之心。

科考队师生和当地居民合影(小马 摄)

科考队师生和白玛多杰镇长交流(邓宏兵 摄)

我们首先来到了才仁三周家。才仁三周,一位正在绘制唐卡的藏族小伙子,大学毕业学成归来,用自己所学所能反哺乡村,是长江源村非常典型的年轻人形象,体现了新时代新青年的风貌和责任担当。唐卡是藏族文化中一种独具特色的绘画艺术形式,具有鲜明的民族特点、浓郁的宗教色彩和独特的艺术风格,被称为藏族的"百科全书",是中华民族民间艺术中弥足珍贵的非物质文化遗产。

才仁三周(中)像艺术馆一样的家(邓宏兵 摄)

走访的第二家是非常典型的教师家庭,夫妻都是藏文老师,携手育人,多年来始终奋斗在教学一线,把青春年华默默地奉献给乡村民族教育事业。女主人仁措老师介绍,她们是从海拔4600m左右的沱沱河畔搬迁至海拔2700m左右的长江源村居住的。仁措老师说,搬迁后,牧民的生产生活方式发生了翻天覆地的变化,生活水平显著提高。如今的长江源村,村容整洁,水、电、气、路等基础设施建设完备,各项基本公共服务设施齐全,呈现出一幅民族团结、乡村振兴的幸福和谐画卷。

和仁措老师(中)交流(邓宏兵 摄)

夕阳西下,长江源村调研暂告段落,镇、村干部与中国地质大学(武汉)师生携手走出长江源村。回望长江源村牌坊,"牢记嘱托 感恩奋进"八个大字熠熠发光。

科考队师生与白玛多杰镇长、张俊卿副镇长在长江源村
合影留念(郭声凯 摄)

2022年7月23日,我们再次来到长江源村。中国地质大学(武汉)党委书记黄晓玫、副校长王华,格尔木市副市长李玉芳、教育局局长马建伟,以及中国地质大学(武汉)的师生代表来到长江源村参加"中国地质大学(武汉)大学生乡村振兴学校实践基地"挂牌仪式及交流座谈会。

黄晓玫书记、王华副校长、李玉芳副市长为"中国地质大学(武汉)大学生乡村振兴学校实践基地"揭牌
(何晓刚 摄)

中国地质大学(武汉)师生和长江源村居民合影
(何晓刚 摄)

座谈会上,与会人员集思广益、畅所欲言。李玉芳副市长向我们介绍了格尔木市的总体发展情况。黄晓玫书记向格尔木市对本次大学生长江源科考提供的大力支持表示感谢,表示未来中国地质大学(武汉)将进一步加强与格尔木市的交流、合作,推动产学研融合,为格尔木市发展提供更多支持。中国地质大学(武汉)李长安教授建议大力发展格尔木市盐湖产业,大力推动唐古拉山镇极限旅游发展。中国地质大学(武汉)邓宏兵教授从编好一个规划、唱响一首村歌、打造一个高原乡村振兴课堂、编好一本村志、完善一套特色产业体系等十个方面为唐古拉山镇长江源村献计献策。

座谈会现场(何晓刚 摄)

邓宏兵教授在座谈会上发言(何晓刚 摄)

座谈会结束后,黄晓玫书记、王华副校长参观了长江源村村史馆、长江源民族学校并走访了牧民家庭。

参观长江源民族学校(何晓刚 摄)

翻越昆仑山

汪钰婷

2022年7月18日,我们从格尔木市驱车450km前往长江源沱沱河沿。在漫长的车程中,最大的挑战便是翻越昆仑山。在中国,山从来不仅仅是山,而被浪漫的中国人赋予了一些特别的含义,昆仑山尤其如此。从格尔木市出发,沿109国道驱车150km便来到昆仑山口,但见两个巨碑耸立在道路两旁,一碑刻着"万山之祖",一碑刻着"巍巍昆仑",不少旅客在此短暂歇息停留、合影留念。

从万山之祖到王母瑶池,从屈原《楚辞·九章·涉江》中的"登昆仑兮食玉英,与天地兮同寿,与日月兮同光"到谭嗣同《狱中题壁》中的"我自横刀向天笑,去留肝胆两昆仑"……虽然神话与诗歌中的昆仑和现实中的昆仑山脉并不能完全并论,但"昆仑"两个字仿佛一段远古的密码,让华夏儿女有着太多的想象。

从想象回到现实,这座平均海拔5500~6000m的雄

"巍巍昆仑"纪念碑(郭声凯 摄)

伟山脉是我们前往沱沱河沿唐古拉山镇的必经之路。翻越昆仑山,对我们来说绝不仅仅是简单的驱车前进或者游玩,而是对从未上过高原的我们生理、心理的极大挑战。万幸的是,沿途我们虽有高原反应,但尚在可承受范围之内。

　　越过昆仑山后,便是索南达杰自然保护站,这里也是索南达杰雕像所在地。索南达杰是一位与盗猎者英勇搏斗,最终不惜以生命守护净土的英雄。作为可可西里和三江源生态环境保护的先驱,索南达杰的牺牲震惊了当时社会各界,唤醒了国人保护藏羚羊的意识。索南达杰用生命守护可可西里的故事震撼了我们。在索南达杰雕像前,有人献上哈达,有人下车默哀,也有人鸣笛或撒上象征吉祥的风马,大家都用自己的方式表达对这位英雄的敬意。

索南达杰雕像(焦弘睿 摄)

穿越可可西里

焦弘睿

相信很多人都曾被2004年陆川导演的《可可西里》深深感动,这是一部根据真人真事改编的,关于藏羚羊猎杀与保护、关于生与死的电影。当我们今天驾车穿越可可西里时,也再次想起了这部电影,想起了那句经典的台词"见过磕长头的人吗?他们的手和脸脏得很,可他们的心特别干净"。越过昆仑山,经过索南达杰自然保护站后,我们来到了这部电影所刻画的地方——可可西里,这片见证了杀戮,亦见证了守护的土地。

这片土地曾充满杀戮。1990年左右,一种藏羚羊羊绒纺织制品"沙图什"在欧美市场走俏,其原材料正是藏羚羊外层皮毛下面极为精细的绒毛。每制成一条女式"沙图什"披肩,就会有三只藏羚羊失去生

可可西里沱沱河保护站(邓宏兵 摄)

命,而制成一条男式"沙图什"披肩,藏羚羊的数量需要增加到五只。从那以后的十余年,可可西里成为藏羚羊的炼狱——每年都有大量的藏羚羊被残忍猎杀,用作商品交易。美国博物学家乔治·夏勒博士向外界发布偷猎分子残忍猎杀藏羚羊以获得"沙图什"的真相后,藏羚羊的悲剧引起了全世界人民的关注。1992年,可可西里地区成立了巡山队,开始严厉打击盗猎行为。那个年代的巡山队员,装备极为简陋,电影《可可西里》还原了那个血与泪编织的故事,引发了社会各界强烈的反响。

2017年11月开始,国家禁止一切单位或个人随意进入可可西里自然保护区开展非法穿越活动。从此,可可西里便成为属于野生动物与科考人员的世界,无关人员只能在国道两旁窥探这片神秘的土地。作为科考队员,能感受最淳朴、真实、神秘的可可西里,我们都十分激动,期待着可以遇到可爱的藏羚羊。

可可西里国家级自然保护区留影(汪钰婷/焦弘睿 摄)

20多年来,可可西里再也没有了枪声,藏羚羊的数量回升到6万只。从昆仑山到沱沱河沿途,我们遇到了许多野生动物,公路上车辆飞驰,而藏野驴、藏羚羊仍可以自由自在地食草、饮水。远远地感受到野生动物的自由,我们也感到无比踏实,这就是"人与自然和谐共生"的真实写照。

徜徉长江源头第一镇

焦弘睿

"长江源头第一镇"—— 唐古拉山镇(汪钰婷 摄)

经过近10个小时的长途跋涉,2022年7月18日晚上,我们来到了格尔木市沱沱河沿的唐古拉山镇。唐古拉山镇是藏族聚居镇,被誉为"长江源头第一镇"。唐古拉,藏语意为"雄鹰不能飞越的山",该山因高耸入云而得名。唐古拉山镇地处青藏高原腹地的沱沱河沿,因此唐古拉山镇也被称为沱沱河镇或者沱沱河沿。全镇辖区面积4.8万平方千米,实际使用面积1.6万平方千米。唐古拉山镇是青海省通往西藏的交通要道、青藏线上的一个重要驿站。

唐古拉山镇政府(何晓刚 摄)

我们沿沱沱河走访了不少居民。在和外来经商人员交流的过程中,我们了解到唐古拉山镇的餐饮服务业大多依靠长途运输及旅游人群的消费支撑,大多数外来商人每年在唐古拉山镇经营9个月(3—11月),其他时间则选择歇业回家。在交流过程中,我们能够明显感受到这些商人对当地发展生态旅游产业的积极态度,他们愿意投身于当地生态环境保护中,对当地的认同感和归属感是相当强烈的。

唐古拉山镇街道(邓宏兵 摄)

焦弘睿(右)在唐古拉山镇进行入户访谈
(邓宏兵 摄)

"长江源"纪念碑矗立在沱沱河大桥旁,见证着滔滔江水奔流而去。

"长江源"纪念碑(焦弘睿 摄)

沱沱河畔溯源头(汪钰婷 摄)

挂牌雪域高原

焦弘睿

王占庭部长(左)和邓宏兵教授(右)为研究基地揭牌(汪钰婷 摄)

2022年7月19日上午,在唐古拉山镇政府,"中国地质大学(武汉)长江源生态文明与绿色发展研究基地"正式挂牌。挂牌仪式由长江水利委员会长江科学院西宁分院冯伟涛同志主持,受白玛多杰镇长委托,唐古拉山镇人民武装部部长王占庭和全国经济地理研究会副理事长、长江经济带专业委员会主任、中国地质大学(武汉)长江流域高质量发展研究团队负责人邓宏兵教授揭牌并分别致辞。王占庭部长表示,唐古拉山镇政府和人民欢迎中国地质大学(武汉)师生来唐古拉山镇进行科学考察和调研,希望考察调研成果能为唐古拉山镇发展起到参考作用。邓宏兵教授对唐古拉山镇政府的大力支持表示衷心的感谢,他表示,中国地质大学(武汉)始终将生态文明作为学科建设的一个重要方向,它也是地大开展科学研究的重要领域,这次中国地质大学(武汉)长江源生态文明与绿色发展研究基地建设得到了唐古拉山镇政府的大力支持,接下来中国地质大学(武汉)将开展更为具体的科学研究,为唐古拉山镇及长江源的生态文明建设与绿色发展贡献智慧力量。中国地质大学(武汉)、长江水利委员会长江科学院西宁分院、唐古拉山镇政府等单位30余人参加了挂牌仪式。

邓宏兵教授(汪钰婷 摄)

人文与社科组师生与唐古拉山镇政府领导合影(郭声凯 摄)

偶遇民间河长

焦弘睿

在唐古拉山镇调研走访期间,我们有幸与长江源沱沱河民间河长新文进行了近距离的交流。新文先生坚持做公益30多年,常年在沱沱河沿线捡拾垃圾,宣传长江生态环境大保护理念。新文先生说前些年沱沱河中垃圾遍布,2016年之后沱沱河中的垃圾明显减少,村民开始有意识地捡拾垃圾,将自己制造的垃圾带走。目前,沱沱河地区生态环境大为改观,民众环保意识普遍提升,自觉环保行为蔚然成风;政府加强了环保宣传力度,对垃圾进行了集中处置;建立了多处保护站,实现了民众从以垃圾易物到自主捡拾垃圾的转变。唐古拉山镇超过70%的人是生态管护员和湿地保护员。听新文先生讲述沱沱河环境的变化,我们感到十分欣慰和敬佩。

长江源区的环保公益组织和志愿者越来越多。在调研过程中,我们慕名来到了长江龙雕塑旁的"长江1号"邮局。这家邮局不大,却让人觉得异常温馨和亲切。深入了解这家邮局后,我们更是感慨:这真是一间奇妙又美好的邮局。小小的邮局汇集了那么多可爱的人,他们

访谈长江源沱沱河民间河长新文(右)
(焦弘睿 摄)

不远千里聚在这里,只为了守护我们共同的母亲河。"长江1号"邮局坐落在长江源区的唐古拉山镇沱沱河大桥附近。长江主题邮局以长江为纽带,把长江干流流经的省、自治区、直辖市串联在一起。从每个省、自治区、直辖市中选择一个最有代表性的城市或最具代表性的景点,设立一个长江主题邮局,从万里长江第一镇唐古拉山镇邮局开始编号("长江1号"),直到长江入海口的上海邮局,命名为"长江11号"。邮局的工作人员告诉我们,他们在"长江1号"邮局与牧民开展"垃圾换食品"活动,将获得的可回收垃圾进行分散收集、长途运输、集中处理,做成课桌、笔筒等各种日用品,并在处于长江下游的上海邮局——"长江11号"进行展示,通过这样的方式将住在长江沿线的人们紧密地联系在一起。长江主题邮局除了提供普通邮政服务外,还借助互联网,将长江沿线的自然景观、历史文化、生态环保、气象等信息及各项活动视频和数据资料链接分享,实现长江干流6300km区域内的实时互动。在和志愿者交流的过程中,我们深切感受到了每一位志愿者对于长江守护的重视,感受到了他们身上的一腔热血。

访谈"长江1号"邮局志愿者(左)(焦弘睿 摄)

长江源水生态环境保护站
(邓宏兵 摄)

深入高原牧区

焦弘睿

长途跋涉访牧民(邓宏兵 摄)

深入高原牧区、调研牧民生活和牧区经济社会发展情况是此次科考的重要任务。这是一项非常艰巨的工作,由于地广人稀、交通不便、通信不畅、语言不通,一天时间里我们只能成功走访两户牧民家庭。通过调研,我们了解到,牧民收入的来源主要是畜牧业,平均每户的草场面积可以达到3万~5万亩(1亩≈666.67m^2),每户的牦牛数目为200~300头。唐古拉山镇畜牧产业链完整,牧民负责散养牦牛等牲畜,到了出栏季,有专门的公司前往牧民家中收取牛羊后统一送到屠宰场,进行进一步加工销售。牧区大部分人员已经不是完全的游牧牧民,移民到长江源村后,他们拥有新的自住房,在原牧区家中会选择雇佣工人负责放牧或是留下一两个人负责放牧。放牧的形式也更加现代化,骑着摩托车放牧已不是什么新鲜事,在帐篷里住宿并利用太阳能光板发电也是常态。在和牧民朋友交流时,我们发现他们的生活满意度较高,对生态环境有相当强烈的保护意识。

帐篷人家(邓宏兵 摄)

牧区光伏发电(邓宏兵 摄)

户外访谈(邓宏兵 摄)

入户调研(焦弘睿 摄)

调研访谈中,我们遇到一对姐妹,在和两姐妹交流对抖音等短视频软件的认知及使用程度时,我们得到了一些意外的收获。在高原网络不畅通的情况下,两姐妹都在抖音平台上注册了个人账号并且坚持发布一些生活中的片段,其中妹妹的粉丝数超过了400人。在进一步询问是否考虑将流量变现以获得收益时,两姐妹都表示,虽然之前没有了解过相关情况,但是如果有机会,她们愿意尝试。

这里即将举办一场盛大的赛马节,但由于日程安排,我们不能参加赛马节活动,只好去赛马节的准备现场感受一下气氛。我们看到筹备工作正在紧锣密鼓地进行,感受到了牧民的巨大热情和对生活的无限热爱。在这片蓝天白云之下,他们拥有着最简单淳朴的追求。

赛马节筹备现场(汪钰婷 摄)

宣誓各拉丹冬峰

焦弘睿

在各拉丹冬雪山向全社会发出保护长江的倡议是本次科考的重要活动,我们人文与社科组牵头起草了《倡议书》。2022年7月21日一大早,我们便向各拉丹冬雪山进发。让人又恨又爱的大雪,给路边飞驰而过的群山围上了雪白的围巾,让壮美的风光更添了几分姿色。随着海拔越升越高,气温越来越低。在全球出现异常高温的7月,我们却身穿羽绒服、冲锋衣、冲锋裤,对于冷的感觉越来越清晰,但大家都无比欣喜和激动,期待最响亮的声音在各拉丹冬雪山长江源头响起。

在各拉丹冬雪山下安营扎寨
(焦弘睿 摄)

蓝天、白云和雪山(焦弘睿 摄)

我们怀着无比激动的心情来到神圣的各拉丹冬雪山,神秘感、神圣感油然而生。在长江源头向全社会发出保护长江的倡议是地大人追寻人与自然和谐共生的行为实践,是地大人勇于肩负时代使命的责任体现。作为倡议的发起者,我们不仅要以身作则,更希望有越来越多的中华儿女加入保护长江的队伍。关注源头发展、关注人与自然和谐共生,可以采取多种方式途径,比如从最简单的捡拾垃圾开始做起,或者以科学研究的方式将论文写在华夏大地上,将个人与江河的关系紧密结合起来。长江大保护倡议让我们明白了未来应担当的使命,心中更多了一份责任感。

长江源科考队在各拉丹冬宣誓(何晓刚 摄)

倡议书

浩浩长江奔流不息,哺育了一代代中华儿女,滋养了5000年中华文明。

喜迎党的二十大,适逢中国地质大学(武汉)70周年校庆,站在长江源头,我们中国地质大学(武汉)全体师生倡议:

长江流域生态文明建设从源头抓起、从我做起。

大家共同关注长江源生态文明建设与绿色高质量发展,自觉遵守《长江保护法》,积极参加"长江大保护"活动。

让我们共同守护好中华民族的母亲河,携手共建生态长江、美丽中国、宜居地球。

缅怀一个人

汪钰婷

在格尔木市,我们专程去拜谒了将军楼。将军楼建于1954年4月,这幢两层砖瓦结构、颜色斑驳的小楼见证了高原官兵的创业史、奋斗史和荣誉史,见证了青藏公路和格尔木的过去和现在。将军楼让我们追忆起多年前慕生忠将军和他所带领的解放军战士在艰难困苦和恶劣环境中披荆斩棘、迎难而上,用生命和汗水开辟通往西藏"天路"的感人经历。

慕生忠将军纪念碑(邓宏兵 摄)

慕生忠将军长年驻扎西北,他发现进藏交通非常不便,便萌生了要在号称"世界屋脊""人类生命禁区"的青藏高原开辟公路的想法。1953年,慕生忠将军向彭德怀元帅请示修建青藏公路。受命领兵进藏的慕生忠将军,由疆场虎将摇身一变成为开路先锋,他的进藏日记本第一页上赫然写着:"奔突天尽头,筑路无所惧。一个支点,足以让我撬起地球。"克服重重困难,慕生忠将军带领10万军民,靠铁锹、钢钎等极为简陋的工具,仅用7个月零4天的时间,在"生命禁区"打通了格尔木至拉萨的公路运输线,创造了世界公路史上的奇迹,他也因此被誉为"青藏公路之父"和"筑路将军"。没有慕生忠将军,就没有现在的青藏公路,也就没有今天我们追溯长江源头的探索之路。

回顾慕生忠将军的一生,我们感受到的是强烈的爱国主义精神、从无到有的奋斗精神和不畏牺牲的奉献精神,这些精神从未因时代变迁而褪色,慕生忠将军是我们学习的榜样。

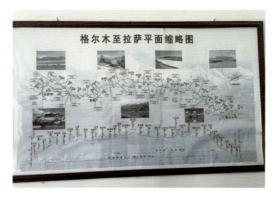

"天路"图(邓宏兵 摄)

青藏公路纪念馆(邓宏兵 摄)

第3篇

思考长江源

长江流域高质量发展从源头开始

邓宏兵[1,2]　焦弘睿[1,2]　王玮琨[1,2]　杨柳[1,2]
1.中国地质大学（武汉）经济管理学院，湖北 武汉 430074；
2.湖北省区域创新能力监测与分析软科学研究基地，湖北 武汉 430074

长江流域高质量发展是长江流域生态文明建设与绿色发展的有机统一体，要求把"生态文明怎样建""绿色发展怎样做"有机结合起来。长江流域高质量发展是践行习近平生态文明思想、落实长江大保护战略的内在要求。

一、习近平生态文明思想是长江流域高质量发展的总源头、总指引

习近平生态文明思想是习近平新时代中国特色社会主义思想的重要组成部分，是马克思主义关于人与自然关系理论的最新成果，它始终贯穿和指引着长江流域和长江经济带的高质量发展。

党中央、国务院高度重视长江流域和长江经济带的高质量发展问题。2016年1月，习近平总书记在重庆调研并主持召开推动长江经济带发展座谈会。2018年4月，习近平总书记在武汉调研并主持召开深入推动长江经济带发展座谈会。2020年11月，习近平总书记在南京调研并主持召开全面推动长江经济带发展座谈会。习近平总书记明确提出"走生态优先、绿色发展之路，使绿水青山产生巨大生态效益、经济效益、社会效益，使母亲河永葆生机活力"，强调"当前和今后相当长一个时期，要把修复长江生态环境摆在压倒性位置，共抓大保护，不

搞大开发"。

习近平生态文明思想具有划时代意义。习近平总书记的重要讲话精神以系统观念统筹谋划推动长江流域高质量发展,在深刻总结探索长江流域经济发展与生态保护的历史成就和经验的基础上,科学回答了协同推进长江流域生态文明建设和高质量发展这一重大理论问题,指明了以生态文明建设助推经济社会高质量发展的实践路径。我们要以实际行动绘出长江流域一江碧水、两岸青山的美丽画卷。

二、长江流域高质量发展从长江源开始

长江源地处"世界屋脊"青藏高原之上,是全国生态系统最脆弱的地区之一。雪线上升、冰川退缩、水土流失、荒漠化和草地退化等问题凸显,直接威胁着长江源区乃至整个流域的生态安全。

长期以来,党中央高度重视长江源生态保护。1999年6月5日,江泽民总书记亲笔题写的"长江源"环保纪念碑在唐古拉山区的沱沱河畔正式揭碑;2004年11月,长江源区128户藏族牧民响应国家三江源生态保护政策,搬迁到位于格尔木市郊的长江源村;2005年1月26日,国务院第79次常务会议批准实施《青海三江源自然保护区生态保护和建设总体规划》,国家正式启动三江源生态保护和工程建设;2005年2月28日,国家发展和改革委员会发布《关于印发〈青海三江源自然保护区生态保护和建设总体规划〉的通知》。实施三江源生态保护工程以来,通过推进退耕退牧还草、鼠害防治、草地围栏、人工草地建设和天然草地改良、沙漠化防治、黑土滩治理、封山育林等项目,保护区生态环境恶化的势头已经得到有效遏制,但还没有获得根本性扭转。局部地区水土流失风险仍然较大,并且还出现了一些新的生态环境问题,如冻土环境退化、植被退化、冻融侵蚀和土地荒漠化等。长江源区水土保持和生态保护的压力依然很大。2021年,《中华人民共和国国

民经济和社会发展第十四个五年规划和2035年远景目标纲要》中明确提出:"加快推进青藏高原生态屏障区、黄河重点生态区、长江重点生态区和东北森林带、北方防沙带、南方丘陵山地带、海岸带等生态屏障建设。加强长江、黄河等大江大河和重要湖泊湿地生态保护治理,加强重要生态廊道建设和保护。"长江源绿色高质量发展,关乎长江源区人民福祉,关乎长江母亲河健康,关乎长江流域经济发展,关乎中华民族未来。长江流域高质量发展必须重视长江源头的保护与治理。

习近平总书记多次要求保护好三江源,保护好"中华水塔",确保"一江清水向东流"。2016年8月22日,习近平总书记专程看望长江源村藏族村民并与他们亲切交谈;2021年6月,习近平总书记在青海考察时强调:"要落实好国家生态战略,总结三江源等国家公园体制试点经验,加快构建起以国家公园为主体、自然保护区为基础、各类自然公园为补充的自然保护地体系,守护好自然生态,保育好自然资源,维护好生物多样性。"

实现长江流域高质量发展首先要实现长江源区的高质量发展,要在长江源区发展绿色经济,依靠科技进步和管理进步,形成节约资源和保护生态的产业结构、生产方式和生活方式。要坚守生态红线,建设长江上游生态廊道,坚定不移走生态优先、绿色发展之路,努力建设人与自然和谐共生的现代化,切实保护好"地球第三极"的生态环境,持续稳步推进长江源区生态文明体制改革,筑起绿色发展的永续之路。

三、人人都是源头——长江流域高质量发展从我做起

万里长江带给华夏大地以山川之秀、灌溉之利、舟楫之便、鱼米之裕,哺育了一代代中华儿女,滋养着泱泱5000年中华文明。长江流域是中华民族的摇篮,是一条独具特色的文化聚集带,青藏地区的藏族

文化、长江上游四川盆地的巴蜀文化、长江中游江汉平原的荆楚文化和长江三角洲平原的吴越文化等交汇融合、互联互补。长江作为中华民族的母亲河、生命河，是中华民族永续发展的重要支撑。每一位中华儿女都应自觉肩负保护长江、爱护母亲河的伟大使命，从我做起，从点滴做起。

保护长江源对维护亚洲生态安全和世界生物多样性具有重要意义。要实现长江流域高质量发展，关键在人，需要全国人民共同努力。要从培养每一个社会成员的生态意识入手，逐步形成敬畏生态、善待地球的文化氛围，让江河湖泊通过休养生息重现秀美景色，让森林草地通过保育焕发勃勃生机，让生产、生活和生态通过全国人民的共同努力变得更美好。让我们携起手来，在习近平新时代中国特色社会主义思想指引下，开创新时代长江流域高质量发展新征程。

参考文献

陆娅楠，李心萍，李凯旋，2022.推动长江经济带高质量发展[N].人民日报，2022-06-12(01).

杨建平，康韵婕，唐凡，等，2021.三江源地区美丽中国建设存在的问题、成功案例与启示[J].冰川冻土，43(5)：1551-1559.

【本文系邓宏兵教授长江源科考现场教学文稿。支持项目：中国地质大学（武汉）2021年教学研究项目"投资与区域经济课程协同建设与拓展路径研究"、中国地质大学（武汉）基层教学组织项目"区域经济学科教融合创新育人团队"、中共湖北省委生态文明改革智库湖北省生态文明研究中心2022年度开放基金项目(SWSZK202203)"长江源生态文明建设与高质量发展研究"、中国地质大学（武汉）2022年教学研究项目(2022171)"长江源科考'三全育人'示范项目"。】

长江源区绿色高质量发展问题与路径初探

庞元[1,2]　刘恺雯[1,2]

1.中国地质大学(武汉)经济管理学院,湖北　武汉　430074；
2.湖北省区域创新能力监测与分析软科学研究基地,湖北　武汉　430074

长江源区是长江流域最重要和生态环境最敏感的区域之一,源区生态保护对中华民族有着非常重要的意义。2021年,长江干流沿线11个省、区、市的经济总量占全国的46.6%,对全国经济增长的贡献率为50.5%。推动长江经济带高质量发展对于我国践行新发展理念、构建新发展格局、推动高质量发展具有重大意义(陆娅楠等,2022)。长江源区是长江的发源地、长江经济带的起点,推动长江源区绿色高质量发展不仅关乎源区人民生活水平的提高,更关系到长江经济带高质量发展和中华民族伟大复兴中国梦的实现。

一、长江源区绿色高质量发展现状与制约因素

生态环境脆弱是制约和影响长江源区绿色高质量发展的基础因素。高海拔和终年低温使得长江源区生态环境脆弱,源区内广布冻土、高原湿地和冰川。随着人类活动加剧和全球气候变化加快,源区冰川退缩、水土流失和草地荒漠化等问题越来越多,不仅严重影响了当地生物生存繁衍,更对当地牧民的生产和生活造成影响。查阅长江源区相关数据资料,我们发现近年来源区的气候整体上呈现出暖湿性特征。气温上升导致源区冰川消融加剧、冻土层融化和降雨量增加,部分地区水质恶化,水源涵养能力下降,生物多样性减少。同时,长江

源大部分地区属于国家重点生态保护区,生态补偿机制有待进一步完善,多元化生态补偿机制尚未建立。

经济结构单一、基础设施落后是制约和影响长江源区绿色高质量发展的重要因素。高寒、缺氧、大风、强太阳辐射的脆弱自然环境严重限制了当地经济的发展,源区经济仍以畜牧业为主(杨建平等,2021)。长江源区广布高寒草原、高寒草甸和高寒湿地,独特的地理环境使得当地的经济发展存在着较大的阻碍,源区的经济发展主要依靠第一产业。同时,交通、通信、供暖、供水等基础与配套设施的不足也制约了长江源区经济社会发展。

长江源牧区(焦弘睿 摄)

二、长江源区绿色高质量发展路径与对策

(一)改善生态环境,加大对长江源的保护力度

推进绿色高质量发展最重要的是加强对生态环境的保护,经济发展不能以牺牲生态环境为代价。经济发展需要良好的生态环境提供

物质基础,良好的生态环境在一定条件下可以转化为人们追求的物质财富。要推动长江源区的绿色高质量发展,不能仅仅简单地开发各种有形的自然资源,更要注重对生态环境的开发利用。整合多方生态补偿资金,建立健全完善的生态补偿政策体系。可以参考碳排放权交易市场,建立市场化的生态保护补偿机制,丰富生态补偿资金来源。

(二)补强基础设施,积极引进优秀人才

推动长江源区绿色高质量发展,不仅要有优越的自然资本,更要有人力资本、物质资本及社会资本,只有四种资本协调发展,才能更好地推动经济的发展。长江源区地处偏远的高山雪原,基础设施建设较为困难,落后的基础设施阻碍了人力资本的引进。根据内生经济增长理论,技术进步或者知识增长都能够带动经济发展,优秀的人才可以为源区的发展提供先进的管理经验、生产经验,从而带动源区经济的发展。习近平总书记强调:"人才是第一资源,创新是第一动力",人才对长江源区经济发展是必不可少的。此外,物质资本及社会资本对源区的发展也是非常重要的,如厂房及交通设施等的建造有助于提升长江源区的生产效率。

(三)形成品牌效应,打造长江源品牌

随着数字经济的发展,它带来的空间溢出效应也愈发明显,人们能够打破空间的限制,随时随地购买任何产品,但是面对种类繁多的商品,挑选商品花费的成本也增加了,信息不对称导致人们越来越倾向于购买有品牌的产品。因此我们不仅要重视有形生产要素的投入,也要注重生态产品的无形资产的建设。长江源区经济的发展主要依靠第一产业的产品,这类产品在市场上同质化较为严重,只有打造具有地域特色、符合市场需求的品牌产品,挖掘其比较优势,才能避免同质化竞争和拥挤效应,强化人们对长江源品牌的认可程度,从而建立

消费者信任,培养消费习惯,提高他们重复消费的概率。

(四)延长长江源区产业链,推进第一、第二、第三产业协调发展

目前长江源区经济过于依赖第一产业,推动高质量发展必须延长产业链条,探索多元化发展模式,实现第一、第二、第三产业联动,提高生态产品附加值。积极发展生态旅游、文化创意、生态工业等绿色产业,使长江源区经济结构与布局合理化、规范化,这样不仅可以提高牧民的收入水平,更可以缓和游牧生产与集中生活的冲突,提升牧民的幸福指数。同时,进一步强化和完善绿色发展理念和生态产品价值实现机制,将"绿色"与"发展"有机结合起来,自觉将生态保护与经济发展融合,全民参与生态文明建设,使"绿色"与"发展"协调共生,因地制宜打造具有长江源特色的绿色产业。只有完善生态产品价值转化机制才能实现绿色高质量发展,将生态产品以生产要素的形式加入到其他商品或服务的生产过程中来,使之成为绿色产业发展必不可少的生产要素(庄贵阳等,2020)。

参考文献

陆娅楠,李心萍,李凯旋,2022. 推动长江经济带高质量发展[N]. 人民日报,2022-06-12(01).

孙要良,2019. 保护绿水青山就是保护生产力[J]. 前线(07):40-43.

王斌,2019. 生态产品价值实现的理论基础与一般途径[J]. 太平洋学报,27(10):78-91.

杨建平,康韵婕,唐凡,等,2021.三江源地区美丽中国建设存在的问题、成功案例与启示[J]. 冰川冻土,43(5):1551-1559.

张林波,虞慧怡,李岱青,等,2019. 生态产品内涵与其价值实现途径[J]. 农业机械学报,50(6):173-183.

庄贵阳,丁斐,2020."绿水青山就是金山银山"的转化机制与路径选择[J]. 环境与可持续发展(4):26-30.

【支持项目:中国地质大学(武汉)2021年教学研究项目"投资与区域经济课程协同建设与拓展路径研究"、中国地质大学(武汉)基层教学组织项目"区域经济学科教融合创新育人团队"、中共湖北省委生态文明改革智库湖北省生态文明研究中心2022年度开放基金项目(SWSZK202203)"长江源生态文明建设与高质量发展研究"、中国地质大学(武汉)2022年教学研究项目(2022171)"长江源科考'三全育人'示范项目"。】

长江源区"源文化"的内涵和精髓
——长江源·生命源·幸福源

李江敏　魏雨楠　郝婧男
中国地质大学(武汉)经济管理学院,湖北 武汉 430074

冰川融水纵横汇集,造就了长江的勃勃生机。位于青藏高原腹地的长江源是高原生物群落的自由天堂,是长江流域各族儿女的生命之源,更是源区百姓的幸福家园。长江源区的生态状况密切关联与影响着长江全流域的健康与活力,是长江大保护的重要内容。作为新时代的长江守卫者,我们有责任和义务守护"一江清水",提升源头百姓的幸福感,发展传承长江文化,共同建设生态长江和幸福长江。

一、长江源

长江源区位于青海省西南部的"世界屋脊"青藏高原腹地,虽然气候干燥寒冷、多风少雨,但冰川覆盖面积广,河湖、湿地发育良好,因此形成了绵长纵横的三大源头水系,主要包括北源楚玛尔河水系、正源沱沱河水系、南源当曲水系,存水量十分丰富,素有"中华水塔"的美誉。其中,沱沱河就发源于唐古拉山脉各拉丹冬雪山西南侧的姜根迪如冰川(吴志广等,2020),"各拉丹冬"在藏语里意为"高高尖尖的山峰"。

冰川融水,顺势汇集,逐渐发育形成了纵横交错的辫状河,开启了长江之水的奔腾旅程;从高原而来的流水带着初生的激情,劈开山谷,越过山地、丘陵,踏过平原,一路浩荡东去。在西来东去的道路上,长江兼容并蓄共接纳汇集了700多条支流,流经11个省、区、市,最终奔入大海。

长江源头的辫状河(李辉 摄)

二、生命源

长江是中华民族的母亲河,是华夏儿女的生命之源。高原之巅孕育了长江的生命,更孕育着未来的不竭希望。长江良好的生态环境养育了数亿人,长江源区的百姓得以建立家园、繁衍生息。不仅如此,长江源区草地、湿地等资源也十分丰富,它保存着最原始纯净的高寒生态系统,繁衍着高海拔地区种类最丰富的动植物群落,是高原野生生命最自由的天堂,其生态价值和意义不言而喻。

生态兴,则生命兴;生命兴,则文明兴。长江源,一处美好圣洁的高原之地,不仅孕育了无数生命,更促进了文明的诞生。长江源是中华文明的源头之一,长江奔腾壮阔的江水镌刻着文明的印记,裹挟着文明的气息,造就了羌藏文化、巴蜀文化、荆楚文化、吴越文化的千年文脉(冯天瑜等,2021),带给人们澎湃的激情和民族自豪感,承载着中华文明的诞生和繁荣,哺育了南国大地,滋养着世世代代的华夏儿女。长江之水滚滚东逝,长江文明生生不息。保护、传承、发掘、弘扬长江文化,是时代的要求,更是我们的责任与使命。

长江源是气候变化的敏感区和生态环境的脆弱区,源头的生态状况深刻地影响着长江的生命,关联着无数人民的生计。形象地说,长江源打个"喷嚏",长江都要"感冒"。长江源区的生态建设与环境改善,是实现长江全流域绿色发展的重要前提条件,在长江大保护中起着举足轻重的作用。近50年来,受到全球环境恶化和人为因素的双重干扰,长江源区生态形势愈发严峻。不断升高的气温导致整体气候变干、降水量缩减,源区内雪线上升、冰川退缩、水土流失、高原荒漠化和草地退化等环境问题凸显,已直接威胁区域生态安全(皮曙初等,2020)。因此,我们必须加快行动,共同守护长江,守护长江源。

党的二十大报告指出,必须牢固树立和践行绿水青山就是金山银山的理念,站在人与自然和谐共生的高度谋划发展,提升生态系统多样性、稳定性、持续性,推进美丽中国建设。国家高度重视大江大河的生态保护和生态治理,在长江的生态保护上,习近平总书记提出了一系列发展理念:"只有源头活水,才能确保一江清水向东流","长江是中华民族的母亲河,一定要保护好","绝不容许长江生态环境在我们这一代人手上继续恶化下去,一定要给子孙后代留下一条清洁美丽的万里长江!"总书记提出"共抓大保护,不搞大开发"的战略指导思想,强调保护长江要走生态优先、绿色发展之路,"长江大保护,从江源开始","同饮长江水,共护长江源"等保护理念也随之诞生。

在长江源科考之行中,人文与社科组进行了一系列的田野考察、

奔流不息的长江源头之水（焦弘睿 摄）

实地调查活动。通过亲身的体验和感受，我们更清晰地认识了我国的生态现实和压力，更深刻地领悟了习近平总书记生态文明建设理论的内涵和价值。源头的生态好了，中下游地区才能有可持续利用长江资源的机会，才能更好地保护生态。作为新时代的长江守卫者，我们有责任和义务守护好"一江清水"，建设幸福长江。一方面，要继续开展科学考察与监测，实时掌握长江源区生态环境及气候变化情况，为生态管理和风险预警提供依据。另一方面，人文社科研究者也要担起时代责任，关心源头百姓的生活，做好长江源保护的科普工作，努力提高公众认识，呼吁全社会共同守护长江源；弘扬好丰富的长江文化，传承好优秀的长江人文精神，延续历史文脉，坚定文化自信。

三、幸福源

党的二十大报告中明确指出,要"增进民生福祉,提高人民生活品质","必须坚持在发展中保障和改善民生,鼓励共同奋斗创造美好生活,不断实现人民对美好生活的向往。"党和国家高度重视民生问题,深入贯彻"以人民为中心"的发展思想,扎实推进共同富裕。

长江源不仅仅是人与自然的生命之源,更是中华民族的幸福之源,源头百姓的可持续生计与幸福生活也是守护长江源、促进长江源绿色高质量发展不容忽视的重要内容。因此,通过深度访谈和实地考察了解长江源百姓的生活现状也是我们此次科考的一项重要任务,以期为提升百姓的生活品质和生活幸福感提供一些帮助。

2004年,为顺应国家战略,修复三江源的生态面貌,重新焕发源头的生态活力,唐古拉山镇实行了生态移民策略,128户牧民离开了高原牧区,迁移到420km外的格尔木市(新华,2021)。在这里,牧民拥有了新家"长江源村",一个饱含着故乡情怀的藏族新村。经过多年的建设和发展,长江源村村民的生活条件日益改善,医疗和养老保险也实现了全覆盖。2016年,习近平总书记来到此地调研考察时说过,长江源村的"幸福日子还长着呢"(马振东等,2022)。当我们来到长江源村时,都不禁感叹,整个村庄干净整洁,村道宽敞通达,一间间颇具特色的藏式房屋错落有致地排列着。通过走访我们了解到,2021年村里人均收入达到2.9万元,家家户户通了水、电和天然气,各种电子智能产品的使用也十分常见,基础生活设施较为完善。村子里还开设了农贸市场、敬老院、民族学校、幼儿园等,村民的生活品质得到很大提升。同时,长江源村也非常重视精神文明建设,不仅打造了文化长廊、村史馆等加强精神文明建设的场所,还举办了"我们的节日"等文化活动和各类文明评选活动,发掘好人好事,树立模范和榜样,营造了团结向上、积极进取的社区氛围,促进了邻里和谐和民族团结,也大大激发了村民们的文化认同和自信心(侯晓辉,2020)。

结合地方统计数据和访谈内容,我们可以清晰地感受到长江源区居民生活的巨大变化。在生态环境方面,国家通过生态巡护等手段对生态脆弱区实施保护,促进生态修复,同时积极组建生态保护志愿组织,号召村民切身地参与长江源区的生态保护行动。在生产生活方面,国家采取多种措施,整合各类扶贫资金,大力支持长江源村产业发展,先后建成石雕车间、藏民族风情园、牛羊育肥基地和饲草料基地等。其中,长江源区的格尔木市政府响应国家政策,为村民提供了各种技能培训,尽可能地解决村民在就业、创业中遇到的困难和问题(咸文静,2021)。人人都有通过勤奋劳动实现自身发展的机会,物质需求和精神需求都得到充分满足。山上的水清了、草绿了,山下的产业火热了,教育卫生配套了,村民的腰包鼓起来了,村民的生活更加幸福。从雪山到城镇,从游牧到定居,每个人都在长江源的发展中收获了不一样的幸福生活,获得感和成就感大大提升,长江源形成了生态新面貌和城市新生活。这个充满希望的新家园包裹着村民们的乡愁,带领着村民们走出了一条可持续的高质量发展道路。

作为长江的保护使者,我们将持续开展长江源地质、生态、人文等特色研究,向社会大众普及科学知识,让社会大众共享长江文明,期望能够激发社会热情,促进社会共识,凝聚保护力量。行动起来吧,与我们一起、与全社会一起,积极投入长江流域的生态文明建设,牢固树立绿水青山就是金山银山的发展理念,共同唱响新时代的长江之歌!

参考文献

冯天瑜,马志亮,丁援,2021. 长江文明[M]. 北京:中信出版社.

侯晓辉,2020. 格尔木长江源村:创新推进民族团结进步新局面[J]. 中国土族(4):27-28.

马振东,李莎莎,2022. 深情润高原 幸福万年长[N]. 青海日报,2022-06-07(5).

吴志广,徐平,赵良元,等,2020. 长江源区综合科学考察报告2019[M]. 武汉:长江出版社.

咸文静,2021. 长江源村:幸福万年长[J]. 党建(3):33-35.

新华,2021. 长江源村民的两个家和幸福梦[J]. 小康(29):42-43.

皮曙初,李思远,吴刚,2020. 冰川融化水土流失 长江源区生态遭遇阵痛[N]. 经济参考报,2020-12-10(A08).

【支持项目:2022年度湖北省长江国家文化公园建设研究课题(HCYK2022Y21)"非物质文化遗产活态传承赋能长江国家文化公园发展战略"、中国地质大学(武汉)中央高校基本科研业务费专项资金资助项目(CUGCJJ202260)"长江经济带非物质文化遗产旅游价值共创与区域协同机制研究"、中国地质大学(武汉)基层教学组织项目"文化遗产与自然遗产团队"、中国地质大学(武汉)2022年教学研究项目(2022171)"长江源科考'三全育人'示范项目"。】

长江源区生态旅游发展思考

焦弘睿[1,2] 覃爽[1,2]
1. 中国地质大学（武汉）经济管理学院，湖北 武汉 430074；
2. 湖北省区域创新能力监测与分析软科学研究基地，湖北 武汉 430074

长江源区依靠优越的自然资源和人文底蕴在生态旅游业发展方面具有显著优势，但也存在季节性强、交通不便等不利因素及潜在问题。

一、长江源区生态旅游发展基础

生态旅游是一种以回归自然为基调，以保护自然资源、自然环境与促进区域社会经济发展为目的，强调在享受大自然的同时履行保护自然的职责和义务的旅游方式，兼具"教育"与"参与"两大特征（刘俊等，2021）。改革开放以来，我国旅游业快速发展，旅游已成为城乡居民日常生活的重要组成部分，成为国民经济新的重要增长点。2021年，国内旅游人次达到32.46亿，旅游总收入2.92万亿元。随着工业化进程加快、城镇化水平提高，人们回归大自然的愿望日益强烈，国内旅游需求特别是享受自然生态空间的需求爆发性增长。长江源区具有天然奇特的自然条件、绚丽多姿的民俗风情，生态旅游开发潜力巨大，发展生态旅游对保护长江源区生物多样性、促进长江源区社会经济发展具有积极作用。

根据2014年青海省发布的《青海省主体功能区规划》，长江源区大部分区域被划分为"限制开发区"，不可依靠传统产业发展长江源区经济,整体经济水平相对落后。2018年,国务院发布《关于建立更加有效的区域协调发展新机制的意见》(以下简称《意见》),明确指出"健全国土空间用途管制制度,引导资源枯竭地区、产业衰退地区、生态严重退化地区积极探索特色转型发展之路,推动形成绿色发展方式和生活方式。"根据《意见》精神,结合长江源区具体情况,发展生态旅游可以成为长江源区积极探索绿色发展的途径之一。

长江源区地处青藏高原腹地,近年来青藏高原地区已开始发展生态旅游,生态旅游业展现出了强大活力和韧性(孙飞达等,2019)。依托青藏高原地区特有的旅游资源,青海省与西藏自治区已逐步开发了一系列较为成熟的生态旅游产品,它们大致分为两大类:一类是依托自然资源形成的自然生态旅游产品,包含草原生态游、野生动物观赏游、体育健身生态游等;另一类是依托青藏高原地区特有的丰富人文风光形成的人文生态旅游产品,包含民居与民俗风情生态游、历史古城及丝绸南路文化生态游、民族艺术生态游等。这些生态旅游产品均具有极为鲜明的地域特色,丰富多彩、原始奇特。

二、长江源区生态旅游业发展SWOT分析

(一)长江源区生态旅游发展优势

1. 资源优势

长江源区复杂的高原生态环境与独特的人文生态景观构成了长江源区的生态旅游资源优势。长江源区地处青藏高原腹地,具有冰川、雪山等独特的自然景观,它们又孕育出珍稀草木及禽兽。在保护好野生动物的前提下,发展生态旅游业既可以满足生态旅游者对自然景观的憧憬,也可以满足他们观赏野生动物的需求,实现人与自然和谐共生。与此同时,长江源区多元丰富的民族文化积淀了深厚的人文

底蕴,唐卡艺术、藏传佛教等富有浓郁民族特色的艺术与文化同样是吸引国内外游客的旅游资源。

2.独特市场优势

凭借优越的自然资源与人文底蕴,长江源区生态旅游的先天禀赋决定了长江源区旅游产品的不可替代性。近年来,越来越多的游客选择放弃传统景点、景区,而追寻具有探险性质、贴近自然的生态旅游方式。长江源区处于昆仑山脉和唐古拉山脉之间,是我国母亲河长江的发祥地,对生态旅游者极具吸引力。

(二)长江源区生态旅游发展劣势

1.自然条件限制导致旅游季节性强

受客观自然环境和特殊高原气候的影响,一年之中长江源区适宜开发生态旅游的时间较短。长江源区早春、秋季及冬季气温低、昼夜温差大、植被覆盖相对较少,旅游体验感无法得到很好的满足,加之大多数游客前往长江源后均会产生不同程度的高原反应,而低气温往往会让反应加重,因此这一时期游客稀少;夏季及其前后长江源区相对凉爽,气候适宜,并且时常会出现"七月飘雪"的罕见盛况,因而长江源区的旅游旺季主要集中在6—9月,其他时间旅游人次则相对较少,其中1—3月旅游人次最少。生态旅游旺季时间短、淡季持续时间长的问题可能会导致生态旅游发展失去平衡,较长的淡季使得资源与设施闲置情况较为严重,基础设施、服务设施利用率低,基础设施前期投入成本大,收回成本时间长。

2.区位劣势

旅游经济的发展离不开交通,旅游交通的顺畅直接决定了当地生态旅游的开发程度。长江源区距离人口密集地较远,这一特殊的地理位置使其不具有区位优势,"旅长游短"的问题常常会限制游客的选择。格尔木市作为青海省两大交通枢纽之一,交通运输网络较为完善,但由于长江源区远离市区,前往长江源区的游客往往还需要通过铁路或自驾形式抵达最终目的地。此外,多年冻土导致局部路段路况较差,给前往长江源区的生态旅游者带来不好的体验,公路维护与施工难度大等问题同样制约着长江源区生态旅游发展。

(三)长江源区生态旅游发展机会

1.民宿产业、民族手工业的发展及引领

发展生态旅游业应以充分开发与利用当地资源,并为当地人民带来经济收益为目标。长江源区生态旅游业在发展的同时也将带动民宿产业、民族手工业等一系列相关产业的发展。实地调研发现,长江源区移民所在的长江源村装修风格独特,富有藏族风情,在满足游客住宿需求的同时,可以让游客沉浸式体验民族风情,极具民宿产业开发的潜能。长江源区藏族手工业历史悠久、工艺独特,在资源消耗、经济受益、可持续发展等方面具有明显优势。在发展长江源区生态旅游业的同时,可以以民族特色商品为基础,进一步加大旅游纪念品的开发力度,保护和发挥民族手工业传统技艺的区域优势,积极发展毛纺织、皮革、民族家具、民族服饰、民族装修装饰、藏香等具有区域优势和发展潜力的民族手工业,突出特色,打造品牌,助推民族手工业的发展。

2.数字旅游新模式打破距离限制

当前,数字经济蓬勃发展,旅游业与数字经济有机融合的案例越来越多。把握数字经济的巨大发展潜能,长江源区生态旅游开发者也可以依托数字经济,打破距离限制,使长江源区的生态旅游产品可视化,以数字媒介等方式实现大面积宣传;打造生态旅游信息系统,依托大数据提供生态旅游全过程支持信息服务,提升游客满意度。

(四)长江源区生态旅游发展面临的挑战

1.旅游带来的生态环境冲击

长江源区独特的生态地位对全国乃至全世界的环境保护都有不容忽视的作用,其生态环境较为脆弱,不可无度开发。尽管生态旅游与保护生态环境本质是相辅相成的,但在生态旅游业开发全过程中,仍然无法保证对两者的认知不会存在割裂情况,进而导致过度开发。而一旦出现了旅游资源的过度开发,极有可能会对当地生态、人文等方面产生难以挽回的负面影响。此外,由于无法对游客施加过多的行为约束,游客若因生态文明意识薄弱而产生破坏环境等行为,也可能会导致当地生态环境的恶化。

2.生态旅游高素质人才紧缺

在长江源区生态旅游业开发过程中,高质量人才紧缺亦是一大难题。生态旅游业的开发需要自上而下,各层级要求不同,对人才的需求也存在差别。依照组织结构思路分解生态旅游各层次所需人才,大致可以分为以下四种:决策层需要擅长生态旅游规划与设计的人才;管理层需要从事生态旅游业运营与管理的人才;执行层需要协调生态旅游业供给与生态旅游者实际需求的人才;操作层则需要具体从事生态旅游服务业的经营人才。四大类人才之间的相互协调是长江源区生态旅游能够快速、高效发展的关键,而长江源区相关专业人才的紧缺可能会成为未来生态旅游业发展中的制约因素。

三、长江源区生态旅游发展目标与战略

(一)长江源区生态旅游发展目标

长江源区生态旅游的开发应当始终坚持"生态旅游发展与长江源区绿色高质量发展协同共进"的总体目标,以区域生态旅游系统开发

理论为基本,充分发挥政府作用,坚持生态旅游带动长江源区绿色发展,坚持生态优先,适度开拓客源市场,整合生态旅游资源,提高生态旅游队伍素质,推进生态文明建设,加强长江源区人民与生态旅游者的生态环境保护意识。

宏伟目标(邓宏兵 摄)

(二)长江源区生态旅游发展基本原则

1.合理规划,生态优先

生态旅游是探寻人与自然和谐共生关系的旅游模式,其首要原则是生态优先。促进长江源区生态旅游健康发展、应深刻理解和把握习近平生态文明思想,坚持人与自然和谐共生,坚持绿水青山就是金山银山,促进经济发展和环境保护双赢(喇明清,2013)。

2.遗产保护与适度商品化相结合

长江源区璀璨的民族文化是人类文化遗产的重要组成部分,在开发长江源区生态旅游业的过程中,必须强化遗产保护意识,明确遗产保护的最终目的是传承与发扬。适度把握旅游商品化,对遗产进行开发与保护时需要深挖其根源与内涵,保留原真性,对遗产进行恰当的包装与设计,发展各种与市场需求相适宜的旅游主题产品。

3.生态旅游发展与长江源区绿色高质量发展相结合

生态旅游资源开发的总原则是开发应服从保护。长江源区生态旅游开发亦需要平衡开发与保护之间的关系,在保护的前提下进行开发,开发获得收益后才能进一步促进保护工作。长江源区作为一个自然条件恶劣、生态环境相对脆弱的地区,在人口、生态、环境、资源等方面亟须寻找平衡,以最低的环境与生态成本最大限度地利用生态旅游资源,实现绿色高质量发展。要更加重视生态环境保护和资源节约,使经济建设与生态、环境、资源相协调,实现生态旅游发展的良性循环。

(三)长江源区生态旅游业发展策略

1.协同推进资源保护与商业开发,共促生态旅游业发展

长江源区生态旅游的发展必须以保护生态与文化为首要前提。生态保护包括保护长江源区的江河、植被、动物等,根据地区的生态情况与资源可承载能力,适度开发,严格控制旅游人口数量、景区开放时段和活动范围,健全资源管理、环境监测等其他保护管理制度,严格评估游客活动对景区环境的影响,规范景区工作人员和游客行为。文化保护包括保护长江源区的历史古迹、传统习俗、民间艺术与民俗文化,在保护与尊重的基础上将民族特色加以推广,并适当商品化。

2.产业融合,多元发展

长江源区生态旅游多产业融合发展需要综合多方面因素,从自然生态状况、资源环境承载力、区位特征等方面出发,通过发挥生态旅游业的带动作用,推动民宿产业、文化产业、创意产业同步发展。

3.科技创新助力生态旅游发展

除借助数字媒体进行长江源区生态旅游的宣传等,还应借助先进

技术助推长江源区生态旅游业发展,加强虚拟现实技术等新技术在生态旅游中的应用,优化旅游体验。

4.提高长、短区间旅游服务水平,助力生态旅游发展

由于长江源区地理区位特殊,游客惯常需要借助铁路或公路,采用乘坐火车或自驾的方式开启旅行。为了避免"旅多游少"的现象,可以根据距离远近将游客群体分为"远距离游客"与"近距离游客"两大类,针对不同群体游客需求展开规划。针对长江源区周边地区,可以在长江源区生态旅游整合发展的过程中,加强省、市(州)之间的合作,尤其是要加强与周边省份之间的合作交流,开展优势互补、互惠互利、游客资源共享,利用好区位特征,吸引周边游客自驾前往长江源区体验生态旅游。针对距离长江源区较远的地区的游客,应当积极建立便捷的换乘系统,可以根据实际情况提供车辆租赁服务,打造"航空+自驾""高铁+自驾"等旅行方式,帮助游客缩短乘车时间,从而将更多时间花费在长江源区游玩当中,尽情感受长江源区生态旅游乐趣。

参考文献

喇明清,2013. 论青藏高原旅游开发与生态环境保护的协调发展[J]. 社会科学研究(6):118-120.

李娟,2017. 生态旅游业与地区经济可持续增长的关系研究:以河南省为例[J]. 中南林业科技大学学报,37(11):182-186.

李琳,徐素波,2022. 生态旅游研究进展述评[J]. 生态经济,38(7):146-152.

刘俊,王胜宏,余云云,2021.科技创新:生态旅游发展关键问题的思考[J]. 旅游学刊,36(9):5-7.

孙飞达,朱灿,陈文业,等,2019. 青藏高原地区草原生态旅游资源及其SWOT分析:以若尔盖草原为例[J]. 中国农业资源与区划,40(6):48-54.

王小梅,罗正霞,李生梅,2009. 三江源区旅游资源开发及环境脆弱性相关分析[J]. 生态经济(8):121-123+148.

张玉钧,高云,2021.绿色转型赋能生态旅游高质量发展[J].旅游学刊,36(9):1-3.

朱冬芳,钟林生,虞虎,2021.国家公园社区发展研究进展与启示[J].资源科学,43(9):1903-1917.

【支持项目:中国地质大学(武汉)2021年教学研究项目"投资与区域经济课程协同建设与拓展路径研究"、中国地质大学(武汉)基层教学组织项目"区域经济学科教融合创新育人团队"、中共湖北省委生态文明改革智库湖北省生态文明研究中心2022年度开放基金项目(SWSZK202203)"长江源生态文明建设与高质量发展研究"、中国地质大学(武汉)2022年教学研究项目(2022171)"长江源科考'三全育人'示范项目"。】

长江源区居民可持续生计发展研究

郝婧男　李江敏　武园伊

中国地质大学(武汉)经济管理学院,湖北 武汉 430074

可持续生计研究有助于进一步了解当地居民的生计状况,在减贫和发展方面发挥着重要作用。长江源区是一个民族众多、文化交融的地区,同时存在对气候变化敏感、生态环境脆弱等问题。因此,开展长江源区居民可持续生计的研究,降低居民生计脆弱性,提升居民规避风险的能力对该地区的发展有着重要意义。

一、长江源区居民可持续生计发展研究的背景及意义

"生计"一词最早由Chamber和Conway两位学者提出,其概念主要指人们在维持生活的过程中所需要的能力、资产和所从事的活动(徐鹏等,2008)。1992年,"可持续生计"概念被正式引用,它主要指在压力和风险下,仍然能够保证不破坏自然资源基础并且得到恢复和持续稳定的加强的生计活动。生计资本是影响居民生计的重要因素,国内外相关研究主要围绕以当地居民或农牧区为主体的贫困问题、移民问题、少数民族问题等方面展开。McDowell等(1997)提出迁移的复杂体制因素是影响移民生计的不可忽略的因素。Rahut等(2012)针对喜马拉雅山区居民的生计进行了研究,发现生产资本不同,居民选择的生计方式也不同。国内学者高琪(2018)在研究中发现,藏区贫困户生计积累的程度是影响贫困户生计结果感知度的关键。

在众多的研究中,英国国际发展部(Department for International Development, DFID)于1998年构建的可持续生计分析框架在实证领域发挥了引领作用,为可持续生计研究提供了规范化、系统化的思路(赵雪雁等,2011)。该框架以生计资本为核心部分,包括自然资本、物质资本、人力资本、社会资本和金融资本五个维度,被频繁运用于农牧民生计的脆弱性、可持续性、选择及影响因素等研究。学者Ashley(2000)最早将旅游与居民生计两者结合,利用可持续生计分析框架探究了旅游对纳米比亚地区部分居民的生计影响。

作为青藏高原生态系统的重要组成部分,长江源区的生态稳定性对流域气候系统稳定、水资源保障、生物多样性保护、生态系统安全具有重要影响。2012年以来,长江源区在党和国家政策的帮扶下取得了可可西里申遗成功、三江源国家公园设立等成果,生态资源变成了群众的"幸福不动产",增强了长江源区居民的获得感。

党的二十大报告提出,要紧紧抓住人民最关心、最直接、最现实的利益问题,采取更多惠民生、暖民心举措,着力解决好人民群众急难愁盼问题,健全基本公共服务体系,提高公共服务水平,增强均衡性和可及性,扎实推进共同富裕。在保障生态安全的基础上,研究居民生计资本和其可持续性,引导长江源区居民选择可持续生计策略,增强抵御生计风险的能力,对实现生态、生计双赢的绿色可持续发展具有重要意义。

二、长江源区居民生计资本状况实证分析

(一)居民的自然资本

自然资本指的是人类从自然环境中获取维持生计的资源,包括土地资源、森林资源、水资源、空气、生物多样性等(马明等,2021)。以长

江源区格尔木市为例,《2021年格尔木市国民经济和社会发展统计公报》显示,格尔木市全年农作物总播种面积达 114 444 亩(1 亩 ≈ 666.67m²),较上年减少了8040亩,其中,粮食、油料、蔬菜的播种面积处于增加状态,而其他农作物的播种面积处于减少状态。此外,作为生态移民代表地的唐古拉山镇可利用草场面积为1 789.12万亩,草场利用率为48%,禁牧面积为501.1万亩,剩余的1 288.02万亩草场可实现草畜平衡。长江源区沱沱河镇的一位居民提到,目前全镇仍有1/3的居民在坚持放牧,人数在700人左右。另一位长江源村的居民也表示,现在放牧的人减少了,搬迁过来后生活也发生了极大的改变。综合来看,目前长江源区居民在结构上仍然以农牧民为主,草场和耕地是他们生存的基础保障,但是放牧不再是居民维持生计的重心。此外,政府越来越重视对自然环境的保护,不断地关注与指导草畜平衡等问题。

(二)居民的物质资本

物质资本是指人类在维持生计的过程中所需要的基础设施和生产资料(崔秀娟等,2022),其中包括居住条件、交通状况、通信便利度以及家用科技产品等。居住条件方面,长江源区"两不愁三保障"[①]和饮水安全完全实现,除此之外,中国地质大学(武汉)大学生长江源科考队人文与社科组成员在走访中还发现,长江源区居民家中基本都有冰箱、洗衣机、电视机等基本家电,部分家庭有电脑,当地居民从整体上对目前房屋条件比较满意。交通方面,长江源区已初步形成公路、航空、铁路等交通体系,是策应国家"一带一路"倡议的重要基地。以长江源区格尔木市为例,截至2021年末,格尔木市公路通车里程

---

①国家"十三五"规划纲要中提出,到2020年稳定实现农村贫困人口不愁吃,不愁穿,义务教育、基本医疗、住房安全有保障(简称为"两不愁三保障")。

3411km,其中,高速公路217km,农村公路1610km;公共汽车营运车辆102辆,公共汽车客运总量368.30万人次,出租汽车1187辆。此外,格尔木市已建成1个文化馆、1个图书馆、1个博物馆、3个文化活动公园、7个大型文化广场、4个乡村综合文化站、28个社区文化活动室等场所,广大人民群众的人居环境显著改善。其市内还建有影剧院、会展中心、青少年活动中心、农(牧)家书屋等,为当地居民提供了休闲娱乐的场地与设施。

李江敏教授(左)与长江源村居民交流(汪钰婷 摄)

(三)居民的金融资本

金融资本主要是指人们的流动资金、储备资金以及容易变现的财力资本(方世巧等,2022),包括现金、储蓄、流动资产以及政府补助。自2004年长江源区首批生态移民搬迁至长江源村以来,国家先后投入3000余万元,大大改善了当地群众的生活条件和人居环境。此外,在发展后续产业的同时,长江源村还鼓励当地居民外出务工,并以聘任当地居民为草原生态管护员、湿地管护员等多种方式增加居民收入,为其生活提供保障。总体而言,居民对其工作和收入的稳定性呈满意态度。还有长江源村居民表示,农(牧)民有草原补助,他们一般靠草原补助或者外出打工来维持生计。唐古拉山镇外来经商的一对夫妻表示:"非常支持生态旅游业发展起来,因为这能够保护当地环境,也能够为我们这些饭店带来商机。"从整体来看,大部分居民认为在当地推进生态旅游可以增加收入并带来就业机会,希望未来旅游业可以得到进一步的发展。

(四)居民的人力资本

人力资本主要是指人们为了维持生计、实现生计目标而投入的自身的知识水平、劳动能力以及健康状况(方世巧等,2022)。人力资本的积累是利用各种生计资本提升可持续生计水平的关键。

一般而言,居民的受教育程度越高,其生计水平也相应越高。以长江源区格尔木市为例,格尔木市在近10年的发展中不断推进义务教育城乡一体发展,义务教育巩固率达97.43%,2021年末共有各级各类学校63所,比2012年、2017年分别增加24所、10所,各级各类学校在校生42 835人,比2012年、2017年分别增加7554人、3938人。从走访中得知,大部分中老年居民受教育程度是高中及以下,水平较低,但是他们对青少年的教育十分重视。一位长江源村居民表示:"现在只有一个小学,初中就需要到市里面的学校,不是很方便。这里如果再有初中、高中,可能对孩子们会更好。"

此外,家庭成员的年龄、身体健康状况、技能状况也极大地关系到居民的生计水平。一位长江源村居民表示,现在自己主要靠创作及销售唐卡等方式来获得收入,未来希望继续精进自己的技能,以便在唐卡创作上更上一层楼。也有当地居民表示,长江源村医疗条件不是太好,诊所小且少。这说明当地的医疗条件有待完善,对居民身体健康的保障还有一定不足,不利于促进居民人力资本的提升。

(五)居民的社会资本

社会资本是指人们在维持生计时所拥有的各种社会资源,主要体现为是否参加合作社和获得的非农就业机会大小(崔秀娟等,2022)。社会资本拥有量的增加可以加强人们之间交流与合作的能力。对长江源区居民的生计资本状况进行分析,可以发现该地区绝大多数居民的生计策略是以放牧、种田、畜禽养殖等农业活动为主,还有一小部分人选择外出务工、经商等非农活动。从短期看,这些生计策略具有一定的可持续性,居民具有一定的抗击风险、自我恢复能力。但从整体来看,居民的生计资本结构欠佳,较为单一,一种生计资本的不足在很大程度上又会影响到其他生计资本的水平并形成连锁反应,从而影响整个生计资本体系的水平和生计的可持续性(徐鹏等,2008)。2016年,习近平总书记考察长江源村,极大地鼓舞了长江源村居民。他们表示:"近几年,政府在藏餐、手工艺品等非遗文化上比较关注和支持我们,通过招商引资、创建合作社等方式,帮助移民推广、销售。"

三、长江源区居民可持续生计策略的探索

(一)长江源区居民生计资本的基本特点

整体来看,长江源区居民生计资本的基本特点会因地域不同而存在差异,但仍有以下共同现状:第一,长江源部分地区已设定禁牧区,通过制定生态保护政策和开展生态文明教育,自然环境有所改善,放牧已不再是当地居民维持生计的主要方式;第二,随着基础设施的不断完善,居民的生活条件正在向着积极的方向发展,但是总体上全区为居民提供的休闲娱乐、教育及就医场所较少,且当地的交通条件仍有不足,与外界沟通联系仍有不便;第三,长江源区教育、医疗限制

较大,孩子们接受教育和居民就医有一定的困难,影响着当地居民人力资本效用的发挥;第四,居民整体生计资本结构单一,需要进一步调整以维持生计的可持续性。

(二)长江源区居民可持续生计的提升策略

第一,在居民可持续生计资本的构建过程中,政府的政策和活动往往起着关键的作用。政府需要进一步加强交通、通信等基础设施建设,降低居民的生产和生活成本;进一步完善当地的教育教学、医疗场所的建设,完善医疗保险、医药费的报销等相关措施,帮助居民防范风险,避免因病致贫等问题。此外,政府还应进一步鼓励非农牧业的发展,大力发展旅游业、服务业等第三产业和其他劳动密集型产业,以解决剩余劳动力的就业问题,促进居民获得稳定的就业收入,改善居民的生计状况,为居民创造更多的机会并支持多样化可持续生计策略。

第二,加强对当地居民的职业技术培训和指导。当地居民自身的文化水平及职业技术技能对其生计的可持续发展也十分重要,可以通过建立经营实习基地,加强对居民的技术培训,积极采用多样、灵活的培训方式提升培训效果,提高其抵抗生计风险的能力。此外,应出台相应的优惠政策,鼓励、吸引高校毕业生、返乡的居民和创业青年融入当地的生产经营活动中,进一步为当地补充、吸纳人才。

参考文献

崔秀娟,杨婕妤,杜月红,等,2022. 农牧交错区农牧民生计策略选择及影响因素:以天祝藏族自治县为例[J]. 草业科学,39(4):829-840.

方世巧,熊静,刘佳林,2022. 边境地区旅游脱贫户可持续生计资本评价及路径选择:基于广西那坡县352户旅游脱贫户的实证研究[J]. 资源开发与市场,38(9):1145-1152.

高琪,2018. 农村低保与扶贫开发衔接背景下甘南藏区贫困户可持续生计水平评价研究[D]. 兰州:兰州大学.

马明,陈绍军,陶思吉,2021. 少数民族地区易地扶贫搬迁减贫效应与生计发展研究:以三区三州怒江地区为例[J]. 干旱区资源与环境,35(10):16-23.

徐鹏,傅民,杜漪,2008. 绵阳市农户可持续生计策略初探:基于游仙镇长明村可持续生计资本整合与应用的案例研究[J]. 绵阳师范学院学报,27(3):9-12.

赵雪雁,李巍,杨培涛,等,2011. 生计资本对甘南高原农牧民生计活动的影响[J]. 中国人口·资源与环境,21(4):111-118.

格尔木市统计局,2022.2021年格尔木市国民经济和社会发展统计公报[R/OL]. (2022-03-18)[2022-10-18]. http://www.geermu.gov.cn/details?id=bb5cf28b7f488c24017f9c5dfc0c031c.

ASHLEY C, 2000. The impacts of tourism on rural livelihoods: Namibia's experience [R]. London: Overseas Development Institute.

MCDOWELL C, HAAN A D, 1997. Migration and sustainable livelihoods: A critical review of the literature [R]. Brighton: Institute of Development Studies, University of Sussex.

RAHUT D B, SCHARF M M, 2012. Livelihood diversification strategies in the Himalayas[J]. Australian Journal of Agricultural & Resource Economics, 56(4): 558-582.

【支持项目:2022年度湖北省长江国家文化公园建设研究课题(HCYK2022Y21)"非物质文化遗产活态传承赋能长江国家文化公园发展战略"、中国地质大学(武汉)中央高校基本科研业务费专项资金资助项目(CUGCJJ202260)"长江经济带非物质文化遗产旅游价值共创与区域协同机制研究"、中国地质大学(武汉)基层教学组织项目"文化遗产与自然遗产团队"、中国地质大学(武汉)2022年教学研究项目(2022171)"长江源科考'三全育人'示范项目"。】

长江源区居民幸福感现状与提升策略研究

魏雨楠　张佳沄
中国地质大学(武汉)经济管理学院,湖北　武汉　430074

党的二十大报告指出,必须坚持在发展中保障和改善民生,鼓励共同奋斗创造美好生活,不断实现人民对美好生活的向往。以习近平同志为核心的党中央秉持以人民为中心的发展思想,围绕使人民拥有更加充实、更有保障、更可持续的获得感、幸福感、安全感的主题,致力于建成世界上规模最大的教育体系、社会保障体系、医疗卫生体系。"幸福中国"建设作为我国一项长期工程,它的实现离不开客观物质条件提升和主观幸福感培育的双重支持。长江源区位于青藏高原腹地,幅员辽阔、水系纵横,是重要的高原生态区。2004年,为响应国家保护三江源生态的号召,长江源沱沱河地区的居民集体搬迁至420km外的格尔木市区附近,建立长江源村(张家瑶,2022)。随着"以人民为中心"发展思想的完善,民生问题成为地区发展的重要考量内容。探究长江源区居民生活现状及其幸福感是切入长江源区生态文明建设和高质量可持续发展的一个不可忽视的研究视角。

一、积极心理学视角的居民幸福感

马丁·塞利格曼(2012)基于积极心理学提出"幸福2.0理论",以测量和发展丰盈蓬勃的人生为目标建立PERMA模型,即以积极情绪(positive emotion)、投入(engagement)、人际关系(relationships)、意义(meaning)和成就(accomplishment)这五项衡量标准,形成了更全面的幸福感评价体系。在"幸福1.0"阶段,各式各样的生活满意度量表常常被视作幸福感评估的主要手段,但主观幸福感往往侧重于个人情感,这使学者对此类评估的局限性展开了更多的思考,环境因素逐渐被引入幸福感测度的范围内(陈浩彬等,2011)。"幸福2.0理论"则结合主客观因素,是对主观幸福感的延伸,五种元素共同促进了幸福,不仅涵盖了个人的情感,也包含了客观存在的人生意义、良好的人际关系和成就。积极心理学的最终目标是使个体获得更加丰盈蓬勃的人生(曹瑞等,2013)。基于此,本文依托访谈记录、新闻资料及地方统计数据,利用PERMA模型综合分析长江源区居民生活现状与幸福感来源,探索长江源区居民提升幸福感、充实人生的现实路径,以期为长江源区居民改善生活和持续获得幸福感提供一些理论参考。

二、基于PERMA模型的长江源区居民幸福感现状

(一)积极情绪

积极情绪是一种主观的评估,是个人对包括愉悦、狂喜、入迷等积极情绪的感知,通常与生活满意度密切相关(马丁·塞利格曼,2012)。积极情绪的产生直观上可以来源于生活条件的改善。自长江源区实施生态文明保护、完善基础设施建设以来,居民的生活面貌和精神面貌焕然一新。调查结果显示,医疗保障、经济收入、住房条件、教育是居民认为影响其主观幸福感的主要因素(吕军莉,2019)。另外近年来,长江源区多个乡村积极发展绿色乡村旅游产业,打造文化街区,充分调动了居民的积极性,提升了居民的积极情绪。

依托乡村振兴、青藏公路建设等国家重点关注项目,长江源区居民在经济、交通、医疗、教育等方面充分感受到生活的变化。以长江源区格尔木市为例,2021年格尔木市全年地区生产总值约为367亿元,较2020年增长5.4%,除2020年受疫情影响生产总值有所下降外,地区

经济连续5年稳步增长,总体向好。居民生活也更加富足,2021年格尔木市居民人均可支配收入达到36 665元,较上年增长5.9%,较2017年29 192元的人均收入更是大幅度提高。在交通方面,2021年全市公路通车里程总体达3411km,货物运输总量达3649万吨,旅客运输总量为178.1万人次,较2017年数据有所提升。在医疗方面,格尔木市同样十分重视,共建成医疗卫生机构161家,包括综合性医院、疾病预防控制机构、乡(镇)卫生院、社区卫生服务中心、民营医院、个体诊所等各级各类医疗卫生机构,卫生专业技术人员达2157人(格尔木市人民政府办公室,2018;格尔木市统计局,2022)。

在此次长江源科考的访谈调查中,不少长江源区的居民明确表达了对生活水平提高的喜悦之情,产生的积极情绪有助于居民获得乐观的生活态度,从而帮助居民获得人际交往和事业上的成功。以长江源村为例,全村基本养老保险、医疗保险参保率均达到100%,村里产业兴旺,居民收入也大大提高。长江源区格日罗村的一名村民谈到,现在他们的生活在通信、用电、就医、交通等方面相较于以往有了很大改善。一对在沱沱河开饭店的外来务工夫妻也表示,来到沱沱河的这些年,医疗条件等各方面都有了很大的改善,另外当地的生态旅游业发展也为他们带来了商机,"生活真是越来越好了"。

好客牧民(邓宏兵 摄)

(二)投入

投入是指当人完全沉浸在一项吸引人的活动中,时间好像停止,同时自我意识逐渐消失的一种状态。通过专注地参与一项活动,参与主体可以获得更高的工作效率及幸福感(马丁·塞利格曼,2012)。在过去,长江源区居民大量投入畜牧业等传统行业,高寒缺氧的自然环境大大限制了居民的生产生活方式,这对居民幸福感的影响不言而喻。在生态文明建设及高质量发展的契机下,长江源区组建了青年环保志愿服务队,打造了"长江1号"主题邮局,依托当地的自然资源和人文资源开展文化旅游建设,这一系列与传统高原产业完全不同的产业的快速发展,为长江源区居民投入行业的选择创造了更多可能。在此次长江源科考访谈调查中,有不少居民都亲身参与过这些活动,他们谈起曾参与的活动时都滔滔不绝。

(三)人际关系

人作为社会关系的产物,维持与他人的积极关系具有重要意义。帮助他人是提升幸福感最可靠的途径之一(马丁·塞利格曼,2012)。良好的人际关系是个体进步的心理需要,也可以在日常生活中为个体带来积极情绪,对个人生活品质和幸福感提升有明显作用。

随着生活质量的不断提升,长江源区居民的社会关系和人际交往愈发和谐。过去居民多为牧民,在面积广阔的大草原上很难经常碰面,影响了其社交能力的提升。近年来,居民生活的城镇化让他们彼此有了更多交流的机会,互联网、手机等新兴科技的普及让居民拥有多元化的社交方式,而电影院、文化站等场所的建设也为居民的社交活动拓展了更多空间,居民交往更加融洽。长江源区内已建成包括乡镇级综合文化站、社区文化活动室、农(牧)家书屋及图书馆、影剧院在内的多种文化娱乐服务中心,使居民的文娱生活更加丰富多彩。调研发现,长江源地区以藏族居民为主,整体来说居民间关系良好。

(四)意义

意义指个体归属于和致力于某些超越其本身的东西(马丁·塞利格曼,2012)。人们大多希望能从事有意义的工作,过有意义的生活,意义可以成为人前进的动力。通过对166个国家的170多万受访者的主观幸福感进行研究,Jebb等(2020)发现,对各年龄段和各地区的人民来说,生活意义均与其幸福感有较强的关联。意义能够促使个体增加对目标的投入,并在追求过程产生积极情绪,这是个体获得丰盈蓬勃人生的内在动因之一。

结合各类报道和此次访谈,可以发现长江源区多数居民都能感受到自己生活的意义:有居民提到自己身为草原管护员,愿意为草原生态保护贡献力量;有居民开办酒店饭馆,迎接远道而来的客人;有居民醉心于藏族手工艺品制作,希望不仅能通过这一方式创收,更能够宣传当地文化历史;有居民作为政府职员,担负起维护乡镇和谐发展的使命;有居民借助自身的专业技术和知识,在农业、畜牧业等行业努力工作,为家人创造更好的生活条件……综合来看,尽管多数长江源区居民较少明确提及生活或工作的意义,但从他们质朴的发言中不难看出他们对自身价值和事业价值的肯定。

(五)成就

成就往往是个体持之以恒对某一目标的追求,这一目标不仅仅是人生总追求,也涵盖了生活中的许多小目标,且不仅局限于结果,也包括朝着某一目标努力的过程,在这个过程中个人获得成就感和幸福感(马丁·塞利格曼,2012)。对大部分长江源区的普通老百姓来说,他们首要的追求是过上更好的生活,因此通过自己的劳动获得更加优越的生活条件是他们获得成就感的主要来源。此外,生活在长江源区的居民是整个长江源区生态文明建设和高质量发展的践行者,他们目睹了当地生态保护的成效和文化的传承发扬,这也是当地居民成就感和自豪感的重要来源。

从长江源区格尔木市来看,政府针对牧民的需求开展了特定的技能培训,帮助牧民拥有一技之长,稳固脱贫成效。技能培训主要涵盖传统手工艺品加工、汽车修理、牛羊育肥、饲草料加工、民族歌舞等。2018年藏族村民经营的岗巴布民族手工艺品加工合作社还登上了中央电视台"直播长江"节目,不仅为其带来了更多经济收益,更弘扬了藏族传统文化(特约调研组,2020)。2020年,格尔木市长江源村入选国家第三批"中国少数民族特色村寨"(咸文静,2021)。

在国家生态文明建设的引导下,居民们从放牧人转变为草原管护员。在政府、地方组织以及长江源区居民的共同努力下,长江源各类草地的产草量在长江源生态保护和建设第一期工程实施后10年间提高近30%,水资源量增加约80亿立方米(苗立明等,2021)。随着草原生态的不断恢复,看着家乡的草越长越茂盛,草原上垃圾越来越少,管护员们的成就感不言而喻。

三、提升长江源区居民幸福感的建议

(一)完善基础建设,配套各项服务

加强基础设施建设,保障居民用水、用电、交通、邮政等公共服务体系完整,为地区发展提供根本保障,提升居民生活质量。正如党的二十大报告所指出的,要紧紧抓住人民最关心、最直接、最现实的问题,采取更多惠民生、暖民心举措,着力解决人民群众急难愁盼问题。

(二)加快科技创新,优化产业环境

地方政府与企业应当积极响应科技发展,加速推进产业信息化建

设,加快进行陈旧设施升级改造。同时注重发展多元化经济模式,在保证畜牧业、农业等传统生产模式稳定的前提下,发展旅游业、手工业等行业。

(三)重视精神引领,塑造正确幸福观

地方社区应当注重塑造居民正确的幸福观,重视精神文明建设,强化社区对居民的精神引领作用,通过树榜样等激励方式,引导居民积极学习习近平总书记的"奋斗幸福观",从生活中发现幸福。居民自身也应发挥主观能动性,保持良好社会心态,积极参与到社会和政治活动中,增强国家认同感和文化自信,通过劳动创造自身幸福。

参考文献

曹瑞,李芳,张海霞,2013. 从主观幸福感到心理幸福感、社会幸福感:积极心理学研究的新视角[J]. 天津市教科院学报(5):68-70.

陈浩彬,苗元江,2011. 转型与建构:西方幸福感测量发展[J]. 上海教育科研(7):44-47.

特约调研组,2020. 长江源村人的两个家和幸福梦:青海格尔木市长江源村脱贫调查[N/OL]. 人民日报,(2020-10-3)[2022-10-18]. http://country.people.com.cn/n1/2020/1003/c419842-31882681.html.

吕军莉,2019. 三江源地区民众幸福感有效提升的基本策略研究[J]. 青海社会科学(6):146-150.

马丁·塞利格曼,2012. 持续的幸福[M]. 赵昱鲲,译. 杭州:浙江人民出版社.

苗利明,崔雅丽,于生妍,2021. "总书记来过我们家":长江源村和班彦村的脱贫之路回访纪实[J]. 党的生活(青海)(2):6-11.

咸文静,2021. 长江源村:幸福万年长[J]. 党建(3):33-35.

张家瑶,2022. 长江源村党旗红[J]. 党课参考(5):74-79.

格尔木市人民政府办公室,2018. 2017年格尔木市国民经济和社会发展统计公报[R/OL]. (2018-4-9)[2022-10-18]. http://www.geermu.gov.cn/details?id=137458.

格尔木市统计局,2022. 2021年格尔木市国民经济和社会发展统计公报[R/OL]. (2022-3-18)[2022-10-18]. http://www.geermu.gov.cn/details?id=bb5cf28b7f488c24017f9c5dfc0c031c.

JEBB A T, MORRISON M, TAY L, et al., 2020. Subjective well-being around the world: Trends and predictors across the life span[J]. Psychological Science,31(3):293-305.

【支持项目:2022年度湖北省长江国家文化公园建设研究课题(HCYK2022Y21)"非物质文化遗产活态传承赋能长江国家文化公园发展战略"、中国地质大学(武汉)中央高校基本科研业务费专项资金资助项目(CUGCJJ202260)"长江经济带非物质文化遗产旅游价值共创与区域协同机制研究"、中国地质大学(武汉)基层教学组织项目"文化遗产与自然遗产团队"、中国地质大学(武汉)2022年教学研究项目(2022171)"长江源科考'三全育人'示范项目"。】

长江源区居民生产生活状况调查与分析

王玮琨[1,2]　邓宏兵[1,2]

1.中国地质大学(武汉)经济管理学院,湖北　武汉　430074;
2.湖北省区域创新能力监测与分析软科学研究基地,湖北　武汉　430074

　　长江源生态文明建设与绿色高质量发展,关乎长江母亲河健康,关乎长江源区人民生活幸福,关乎长江流域经济发展,关乎中华民族未来。居民生产生活与长江源区生态文明建设和绿色高质量发展息息相关,从传统生产生活方式转变为绿色生产生活方式是建设生态文明和实现绿色高质量发展的关键。绿水青山就是金山银山,既要保护生态环境,也要让长江源区居民致富。从长江源区居民的生产生活实际出发,深入了解当地居民的生活生产状况和生态意识,积极探索特色转型发展之路,对实现长江源绿色高质量发展,巩固脱贫攻坚成果有重要意义。

一、访谈与问卷分析

(一)访谈与问卷的基本情况

　　2022年7月中下旬,我们对长江源区居民的生产生活状况进行了实地走访与问卷调查。问卷调查共设计了20个问题,分为三个方面:第一,当地居民的生活现状,具体内容包括家庭年度总收入水平、家庭收入的来源、期望的家庭年度总收入、搬迁的意愿以及生活幸福感与社会归属感;第二,当地居民的生态意识与生态保护参与度,设计的问题主要涉及生态环境变化对他们日常生活的影响、如何看待人为活动对生态环境的影响、对生态环境保护政策的了解程度、主动参与生态环境保护行动的频率和意愿等方面;第三,牧区的产业发展,主要从当地的产业政策、产业的就业参与度、特色生态旅游发展、民族特色产品开发等方面进行调查。

品尝牧民亲手制作的酸奶(李江敏 摄)

参与本次访谈和问卷调查的男性占比46%,女性占比54%。按年龄分,18岁以下占比18%,18~29岁占比27%,30~39岁占比18%,40~49岁占比27%,50~59岁占比10%。按民族分,汉族占比37%,藏族占比55%,其他民族占比8%。按学历分,小学占比11%,初中占比22%,中专、高中占比37%,大专、本科及以上占比30%。按身份分,农(牧)民占比60%,政府工作人员占比20%,外来经商人员占比15%,游客占比5%。访谈与问卷调查兼顾了不同性别、年龄、民族、学历、身份,样本具有一定的代表性,可信度较高。

(二)调查结果分析

综合分析走访与问卷调查结果,得到长江源区居民生产生活的具体情况。总体看,长江源区居民对目前的生产生活状况是比较满意的(表1)。

表1　长江源区居民生产生活状况调查分析表

评价对象	满意度	人数占比	评价对象	满意度	人数占比
公共设施	非常满意	2%	社区管理与邻里关系	非常满意	43%
	较满意	18%		较满意	34%
	一般	35%		一般	20%
	不满意	20%		不满意	2%
	非常不满意	25%		非常不满意	1%
住房条件与居住环境	非常满意	10%	交通便利度	非常满意	2%
	较满意	21%		较满意	17%
	一般	34%		一般	31%
	不满意	15%		不满意	30%
	非常不满意	20%		非常不满意	20%
医疗条件	非常满意	5%	教育条件	非常满意	4%
	较满意	4%		较满意	11%
	一般	48%		一般	58%
	不满意	31%		不满意	25%
	非常不满意	12%		非常不满意	2%
就业与收入	非常满意	4%	幸福感与归属感	非常满意	21%
	较满意	17%		较满意	22%
	一般	56%		一般	38%
	不满意	15%		不满意	15%
	非常不满意	8%		非常不满意	4%

对问卷中涉及生态保护与产业发展的内容作进一步分析(表2)，可以发现，长江源区居民对生态环境的关注度较高，70%的人对生态环境变化影响生产生活表示非常担心或较担心。对于当地的环保政策，85%的人选择了"非常了解""了解"或"一般了解"，经常参与环保行动的人有32%，偶尔参与环保行动的人有57%，可见当地环保政策的宣传

力度大，长江源区居民参与生态环境保护活动的意愿较强烈，居民的生态保护意识整体水平较高。当地产业以畜牧业为主，其他产业的发展水平较低。从产业就业参与度来看，参与度最高的是畜牧业(55%)，而旅游业和民族手工艺业的就业参与度较低。居民对在居住地发展特色旅游业和民族特色产业比较支持。93%的居民不反对利用网络新媒体发展本地经济，有较大的意愿通过网络拓展产品销售渠道。在访谈中我们也发现当地人对外地人在本地拍摄文化宣传片表现出较大的包容度。但现状是特色旅游业和民族手工艺业规模较小，提供的就业岗位较少；民族特色产品种类少、附加值低，产品销售渠道窄，产业链不完善；特色旅游业开发不足，游客量小。基础设施落后和交通不便是阻碍特色旅游业开发的主要原因。

表2　长江源生态保护与产业发展状况调查表

问题	评价	占比	问题	评价	占比
是否担心生态环境变化影响生产生活	非常担心	22%	是否认为放牧会对环境有破坏	非常同意	5%
	较担心	48%		较同意	17%
	不清楚	27%		不清楚	58%
	不担心	3%		不同意	20%
是否了解当地的环保政策	非常了解	20%	是否参与过生态环境保护行动	经常参与	32%
	较了解	31%		偶尔参与	57%
	一般了解	34%		基本不参与	11%
	不了解	15%			
产业就业参与情况	畜牧业	55%	对居住地发展民族特色产业的态度	支持	67%
	旅游业	13%		反对	3%
	民族手工艺业	17%		无所谓	30%
	其他产业	15%			
对利用网络新媒体发展本地经济的态度	支持	64%	对居住地发展特色旅游业的态度	支持	65%
	反对	7%		反对	4%
	无所谓	29%		无所谓	31%

二、对策与建议

(一)加强公共基础设施建设,加大生态补偿力度

要加强公共基础设施建设,提高公共服务水平。重点推动交通、医疗、教育等领域的建设,完善公共服务体系。强化实施道路畅通工程,加强长江源区交通主干道、产业路、旅游路建设;推动优质医疗资源下基层,改善公共卫生和医疗条件;加强教育与文化基础设施建设,鼓励多方力量共同参与建设长江源区中小学、职业技工学校;加强商贸流通业发展,提高市场发育度。加大生态补偿力度,提高生态补偿标准,改进补偿方式,探索制定多元化生态补偿机制,保障长江源区居民基本生活和未来生计,提高其幸福感和社会归属感。

(二)立足本地特色资源,持续推进特色产业发展

发挥本地特色资源的比较优势,大力推进生态畜牧业、特色旅游业、民族特色手工艺业等建设。加快健全生态畜牧业生产体系,延长生态畜牧业产业链,大力发展畜产品加工业。多渠道强化本地优势文化宣传,充分调动长江源区居民的积极性和创造性,开发特色文化旅游产品和服务,壮大和培育一批民族手工业品生产基地。政府应提供覆盖面更广的劳动技能培训服务,强化深层次技能培训,提高劳动者素质,扩大就业。

(三)加大生态保护宣传力度,完善利益引导机制

长江源生态保护的关键在于提高民众整体生态意识,要继续加大长江源生态保护宣传力度。发挥政府部门的主导作用,深入开展生态保护宣传教育下乡入户,帮助群众了解长江源生态环境的问题及发展态势,鼓励居民积极参与长江源生态环境保护活动,引导长江源区居民养成正确的生态意识和价值观,形成绿色的生产生活方式。制定政

策要充分考虑长江源区居民的意愿,要建立合理的生态利益分配机制,把乡村振兴与保护环境相结合,把产业发展与生态文明建设相结合,把生态利益与居民生产生活利益联系起来,充分调动居民参与生态保护的积极性,推动生态产业化、产业生态化建设,推动绿色高质量发展。

参考文献

胡西武,耿强艳,尹国泰,2022. 共同富裕背景下三江源国家公园原住民可持续脱贫能力测度及作用机理研究[J]. 干旱区资源与环境,36(6):8-14.

李佳,成升魁,马金刚,等,2009. 基于县域要素的三江源地区旅游扶贫模式探讨[J]. 资源科学,31(11):1818-1824.

靳薇,2014. 青海三江源生态移民现状调查报告[J]. 科学社会主义(1):112-115.

解彩霞,2009. 三江源生态移民的社会适应研究:基于格尔木市两个移民点的调查[J]. 青海社会科学(3):62-66+84.

祁进玉,陈晓璐,2020. 三江源地区生态移民异地安置与适应[J]. 民族研究(4):74-86+140.

任善英,朱广印,2012. 三江源生态移民后续产业发展机制研究[J]. 生态经济(10):107-110.

荣增举,2010. 三江源自然保护区生态移民社区的居民需要:以玉树县上拉秀乡家吉娘生态移民社区为例[J]. 青海民族研究,21(3):67-72.

辛瑞萍,朱丽敏,谢萌,2017. 三江源生态移民的生计发展困境与建立可持续生计的策略:基于青海省囊谦县的实地调查[J]. 济南大学学报(社会科学版),27(1):145-156.

辛瑞萍,韩自强,李文彬,2016. 三江源生态移民家庭的生计状况研究:基于青海玉树的实地调研[J]. 甘肃行政学院学报(1):119-126.

赵宏利,陈修文,姜越,等,2009. 生态移民后续产业发展模式研究:以三江源国家级自然保护区为例[J]. 生态经济(7):105-108.

【支持项目:中国地质大学(武汉)2021年教学研究项目"投资与区域经济课程

协同建设与拓展路径研究"、中国地质大学(武汉)基层教学组织项目"区域经济学科教融合创新育人团队"、中共湖北省委生态文明改革智库湖北省生态文明研究中心2022年度开放基金项目(SWSZK202203)"长江源生态文明建设与高质量发展研究"、中国地质大学(武汉)2022年教学研究项目(2022171)"长江源科考'三全育人'示范项目"。】

长江源区主要生态环境问题与保护对策

杨柳[1,2]　覃爽[1,2]

1. 中国地质大学（武汉）经济管理学院，湖北　武汉　430074；
2. 湖北省区域创新能力监测与分析软科学研究基地，湖北　武汉　430074

长江源区海拔高、纬度低的地理条件造就了源区独特的生态自然环境。作为孕育中国母亲河的源头，源区的生态环境安全关乎整个长江流域。随着全球气候变化和人类活动的增多，长江源区的生态环境也发生了一定的变化，水土流失、植被退化、生物多样性减少等问题对源区的生态稳定提出了严峻的挑战，加强长江源区生态环境保护工作对长江流域的可持续发展具有重要意义。

一、长江源区生态环境本底特征

长江源位于青藏高原，由正源沱沱河、南源当曲、北源楚玛尔河三大源流组成。三大源流汇集之后流入通天河，孕育了亚洲第一长河——长江。由于长江源区地处青藏高原腹地，海高拔、纬度低、光照强，形成了冬季干、夏季湿、气温低、温差大的气候特点，也造就了长江源区独特的自然地理环境。长江源区土地主要由冰川、冻土和沼泽湿地组成，长江源冰川为大陆性山地冰川，面积较大，冰川之下形成了多年冻土，地势凹洼处则为沼泽湿地。近年来，随着全球变暖等气候变化，冰川持续退缩，冻土大面积消亡，沼泽湿地逐年退化。源区水系呈扇形，水流受冰雪融化和蒸散发影响较大；土壤条件和气候环境的变化也让长江水流环境发生了一定的改变，季节性冻土层厚度增大，永久性冻土层上限下降,导致两者之间存在的液态水减少,区域水流量下降。独特的地理环境、不断变化的气候条件以及人类活动的增多给长江源生态环境的稳定带来了严峻的挑战,加强对长江源区生态环境的保护与治理是强化我国流域生态安全屏障的重要任务之一。

二、长江源区主要生态问题

(一)水环境恶化

由于长江源区处于高海拔区域,太阳辐射强,水流系统受日晒时间长,水蒸发量较大,同时土壤的冻融状态和地表植物也影响着水流的蒸散发。长江源区水流来源主要包括降水、土壤水入渗、冰川积雪消融,水流量受季节影响大,冬季河流冰冻。因全球气候变暖带来的温度上升影响,长江源区气候出现了明显的暖干化趋势。冰川退缩和冻土减少,虽然使短期径流增加,但从长期来看,固液水比例逐渐失衡,长江源产水能力呈降低趋势,地下水和湿地储水量也在不断减少(常福宣等,2021)。由于水流减少,长江源区湖泊也出现了不同程度的萎缩,根据相关研究(李健明等,2022),长江源区面积$1km^2$以下的湖泊基本干涸,$5km^2$以下的湖泊也至少萎缩了1/3。此外,长江源区湖水矿物化、盐碱化现象也比较明显,且出现了一定的水质变化情况。气温升高、水量失衡、水质变化导致源区的水生态环境恶化,而人类活动的增多也造成了一定的负面影响,水利部长江水利委员会的研究者在进行水质监测时发现,部分水域水质污染已超出环境承载量,氮磷含量超出Ⅲ类水质标准。采药挖草、养殖放牧、工程建设以及旅游业的开发都增大了长江源区水污染治理压力。

(二)草场植被退化,水土流失问题突出

20世纪以来,长江源区植被不断退化,高寒沼泽化草甸逐步逆向

演替为高寒草原化草甸,使得源区植被覆盖率下降,优良牧草被毒杂草替代,草场的可使用牧草产量减少20%左右。受到过度放牧和其他人为因素的影响,植被密度、高度下降,森林面积不断减小,"黑土滩"(草甸极度退化后形成的大面积次生裸地或毒杂草草地)面积增大。据调查统计,三江源区植被退化后形成的次生裸地面积已超过5000km²。长江源区的水土流失问题同样严重,气候变化和植被退化以及人类用地的增加导致长江源区湿地面积减少,土地荒漠化加剧。气候暖湿化带来的冰川、冻土消融,使短期径流增加,水流流过沙化土地带走了众多泥沙。长江源区沙漠化土地面积不断增加,水源涵养能力下降,水土保持面临着巨大压力(吴柏秋,2019)。

严重退化的草场(焦弘睿 摄)

(三)湿地萎缩,源区生物多样性明显减少

冻土退化、水源涵养能力下降以及湖水的矿物化使得沼泽湿地面积出现大幅度萎缩,长江源区的生物多样性遭到了一定的破坏(李荆,2010)。首先,源区羽叶点地梅、独一味、藏玄参等珍稀植物和优良草种数量下降,这主要是由源区草场退化和河谷湿地破碎化、荒漠化所造成的;其次,野生动物种类和数量也急剧减少,尤以湖泊鱼类资源减少最为显著,人类的偷猎、盗捕行为也对棕熊、水獭、藏羚羊、狍等哺乳动物的生存造成了极大威胁。长江源独特的生态孕育了适合高寒环境的动植物,这些珍贵的高原物种是我国生物基因宝库的重要组成部分。长江源区的生物多样性锐减是一个巨大的损失,加强源区生态环境保护,保障源区生物的生存与生长迫在眉睫。

三、加强长江源区生态环境保护的建议

(一)普及生态环境保护知识,增强生态保护意识

生态环境保护知识的普及对长江源区的生态环境改善和水土保持具有十分重要的作用。要强化源区人民生态保护意识,动员全部力量,形成综合治理合力,推动自然恢复,遏制生态环境恶化。首先,要向群众普及环保相关的科学文化和法律法规知识,增强源区民众保护生态环境的意识。可以定期开展源区生态保护宣传会,发放环境保护知识宣传读本,鼓励群众开展垃圾回收利用、水循环使用等对生态友好的生活环保活动,对在此方面表现突出的个人和家庭予以嘉奖。其次,要提高群众的劳动技能,加强农村职业教育和技术培训,帮助农(牧)民改变粗犷的生产劳作方式,推行化肥减量和农业面源污染治理工作;建立畜牧养殖基地,加大对过度放牧的管控力度,加快开发人工草地草场,引导培育环境友好产业。最后,要加强对领导干部的培养

工作,制定领导干部环保工作细则和管理办法,明确职责到个人;编制领导干部环境建设工程读本,开展领导干部环保知识培训,保证基层政府和相关部门有能力做好源区生态维护和改善工作。此外,还要积极创新水土治理工作方法,实现科学管理、有效工作,可以以县为单位开展生态环境整治项目,对完成度高、环境改善良好的地区予以一定的财政补贴。

(二)严守生态保护红线

首先,要深入贯彻落实《长江经济带发展规划纲要》,做好国务院关于长江流域保护的相关法规制度的配套立法和文件宣传工作,制定并印发生态环境保护综合管理条例,推动各级政府开展司法协作,完善环境资源审查统管机制,设立环境损害专项立案和专门审判机制,公开发布长江源环境损害判定的司法解释和评估指南,健全长江源区生态保护法治保障。其次,要明确生态环境保护中政府部门和各类企业的相关法律责任。构建政府主导、企业协作的生态污染监管体系,动员私人企业参与源区生态环境保护修复工作。进一步完善环境治理问题的核查通报、跟踪调查等工作,定期开展相关政企座谈会,指导各企业积极参与源区生态治理工作,设立源区生态经济发展奖励资金,形成生态保护工作合作链。最后,要研究制定长江源区生态保护的补偿机制,利用排污许可证制度和污染处罚分级收费制度强化源区的污染治理工作,坚持以保护生态为主、处罚惩治为辅的工作原则。积极探索源区生态管理机制体制,严守制度规章,促进长江源区生态保护工作迈上新台阶。

(三)加强生态环境预防保护,防范生态环境风险

进行源区生态环境保护,一定要全面加强生态风险预防工作。首先,要做好水土保持工作,开展源区土壤等级划分和水资源安全管理工作,对长江源区的产水环境和土壤环境作出科学研判并及时进行调整治理,明确规定水资源功能区和土壤功能区划分;制定生物多样性保护规划,进行湿地生态系统保护。其次,要增强科技支撑能力,开展长江源区生态环境检测技术和生态风险防治技术的研究工作,为长江源区生态环境预防保护提供实时监测信息。最后,要加强源区生态预警和维护队伍建设,培养一支具备专业技术人员的基层工作队伍,保障各项预防保护措施的落实,提升源区生态环境风险防范能力。

(四)强化源区生态系统监管

开展源区生态保护专项监督检查活动,明确损害生态环境的重点问题。对河流湖泊乱采乱排问题加强管控,对非法采砂、非法捕捞、随意排污等事项进行重点治理。加强草地牧区督察工作,确定草地安全载畜量,严防严控过度放牧现象发生。狠抓生态环境突出问题,强力推动专项整改,落实监理责任。

参考文献

常福宣,洪晓峰,2021. 长江源区水循环研究现状及问题思考[J]. 长江科学院院报,38(7):1-6.

窦睿音,2016. 近半个世纪三江源地区气候变化与可持续发展适应对策研究[J]. 生态经济,32(2):165-171.

关颖慧,王淑芝,温得平,2021. 长江源区水沙变化特征及成因分析[J]. 泥沙研究,46(3):43-49+56.

韩晓军,韩永荣,韩晓花,2012. 长江源水环境问题及保护对策[J]. 城市与减灾(4):1-4.

胡玉法,刘纪根,冯明汉,2017. 长江源区水土保持生态建设现状问题及对策[J]. 人民长江,48(3):8-12.

李荆,2010. 长江源区湿地现状及保护对策[J]. 青海环境,20(3):132-135.

李健明,鄀仁欠姐,杨颖,等,2022. 气候变化对长江源区土壤水分影响的预测[J]. 云南大学学报(自然科学版),44(4):775-784.

刘璐璐,曹巍,邵全琴,2016. 三江源生态工程实施前后长江源区宏观生态状况变化分析[J]. 地球信息科学学报,18(8):1069-1076.

齐冬梅,张顺谦,李跃清,2013. 长江源区气候及水资源变化特征研究进展[J]. 高原山地气象研究,33(4):89-96.

王辉,甘艳辉,马兴华,等,2010. 长江源区气候变化及其对生态环境的影响分析[J]. 青海科技(2):11-16.

吴柏秋,2019. 三江源地区草地载畜功能与水土保持功能权衡与协同关系研究[D]. 南昌:江西师范大学.

熊芳园,陆颖,刘晗,等,2022. 长江源区水生态系统健康研究进展[J]. 中国环境监测,38(1):14-26.

【支持项目:中国地质大学(武汉)2021年教学研究项目"投资与区域经济课程协同建设与拓展路径研究"、中国地质大学(武汉)基层教学组织项目"区域经济学科教融合创新育人团队"、中共湖北省委生态文明改革智库湖北省生态文明研究中心2022年度开放基金项目(SWSZK202203)"长江源生态文明建设与高质量发展研究"、中国地质大学(武汉)2022年教学研究项目(2022171)"长江源科考'三全育人'示范项目"。】

长江源区生态文明教育面临的问题与深度推进路径

汪钰婷　苏靖伊　杨俊婷　侯志军
中国地质大学(武汉)教育研究院,湖北 武汉 430074

党的二十大报告指出,大自然是人类赖以生存发展的基本条件。尊重自然、顺应自然、保护自然,是全面建设社会主义现代化国家的内在要求。必须牢固树立和践行绿水青山就是金山银山的理念,站在人与自然和谐共生的高度谋划发展。2021年,生态环境部、中宣部、中央文明办、教育部、共青团中央、全国妇联等六部门共同制定并发布《"美丽中国,我是行动者"提升公民生态文明意识行动计划(2021—2025年)》,强调推进生态文明学校教育,将生态文明教育纳入国民教育体系,完善生态环境保护学科建设(彭妮娅,2021)。生态文明教育,即根据社会发展需要,遵循生态文明观念形成规律和教育规律,对社会成员就生态文明认知、生态文明情感、生态文明实践等方面开展的教育实践活动,其核心内容是关于生态伦理、生态道德、生态安全、生态政治、循环经济与清洁生产等方面的理论教育与实践体验(王晓燕,2020)。在习近平新时代中国特色社会主义思想和习近平生态文明思想的指引下,要进一步落实生态文明教育在人才储备、推动可持续发展、实现教育现代化方面的巨大作用。如何将生态文明教育更好地融入教育体系之中,发挥生态文明教育的实践作用,是我们需要考虑的问题。在通过田野调查取得有关长江源区生态文明建设和生态文明教育一手资料的基础上,本文结合文献分析,对长江源区生态文明教

生态文明教育调查(邓宏兵 摄)

育面临的问题和发展路径进行了探索,以期为长江源区生态文明教育的发展提供参考。

一、长江源区生态文明教育面临的问题

长江是中华民族的母亲河,是我国重要的战略水源地、生态宝库和黄金水道,是中华民族永续发展的重要支撑(叶日者,2022)。长江源区有着丰富的生态文明教育资源,尤为突出的是其生动的"活教材"——自然环境资源与空间。长江源区生态文明教育需要社会、学校、家庭三个教育主体共同发挥力量,在于培养人的知识、技能、态度、意识。在实践中,秉承"保障民生,教育先行"的发展理念,政府和社会各界对长江源区教育的关注,使得长江源区义务教育基本实现均衡发展,长江源区的生态文明教育产生萌芽。但长江源区地处偏远,条件艰苦,其生态文明教育仍然面临着诸多困境,如大众生态意识滞后、生

态文明教育在教育体系中缺位等。

　　大众生态意识滞后是长江源区生态文明教育面临的问题之一。生态文明教育旨在通过教育改变人们的生态观念,使之养成生态意识。由于生态意识的形成需要长期和潜移默化的教育,因此生态意识存在一定的滞后性。同时,由于人们的生态文明行为不会造成即时的影响,人们对生态文明建设成果的感受度往往很低,从而逐渐将自己置身于生态文明建设之外。因此,意识滞后于行为也是生态意识滞后的表征之一,生态意识的滞后会加大生态文明教育的难度。从根源上引导和塑造大众的生态意识是长江源区生态文明教育进一步发展需要解决的问题。

　　生态文明教育在教育体系中缺位也是长江源区生态文明教育进一步发展需要解决的问题。文明和教育是紧密联系的整体,教育体系会因生态文明教育的加入而更加完善,开展生态文明教育是落实我国"五位一体"总体布局①的必经之路。生态文明教育作为一种新型的教育形式,在内容、考核方式、讲授方式上和传统意义上的教育有一定的区别。这就更加需要构造全面的生态文明教育评价体系,以此来指导生态文明建设方向,并鼓励生态文明教育的长线发展。在传统的应试教育体系中,生态文明教育很难深入学生的日常学习生活,大多数的学校和家庭并未认识到生态文明教育的重要性和必要性。提高生态文明教育的公众认同度,提高生态文明教育在教育体系中的地位,我们依旧任重道远。我们在田野调查过程中发现,长江源区内教育基础设施相对落后,生态环境教育特色鲜明,但面临问题也较多。如何因地制宜开展当地生态环境教育,发挥生态文明教育在生态文明建设中

---

① "五位一体"总体布局是党的十八大报告中的新提法,指全面推进经济建设、政治建设、文化建设、社会建设、生态文明建设,实现以人为本、全面协调可持续的科学发展。

的基础性、先导性、全局性作用(龚克,2018),是长江源区生态文明教育发展面临的困难和问题。

二、深度推进长江源区生态文明教育的路径

(一)学习贯彻生态文明建设相关政策法规,培厚生态文明教育土壤

政府应颁布相关法律支持长江源区的环保工作,积极探索建立多元化生态补偿机制,提供持续稳定的资金来源,不断加大长江源区生态文明和保护的宣传力度,并在长江源区学校内进一步推进生态文明教育。《中华人民共和国长江保护法》(以下简称《保护法》)已于2021年3月1日起施行。在长江保护工作中,长江干流及重要支流源头、上游水源涵养地等生态功能重要区域为了保护环境,可能会丧失许多发展机会,《保护法》提出建立生态保护补偿机制,平衡环境利益和经济利益。该法的提出为生态文明发展提供了法律保障,同时也促进了生

中国区域科学协会生态文明研究专业委员会成员考察
长江源区(郭声凯 摄)

曲麻莱县五道渠垃圾分类处理转运站（邓宏兵 摄）

态文明教育体系的进一步完善。我们在田野调查中了解到，除设立相关法律外，政府还牵头实施了诸多举措，它们都起到了一定的生态文明建设成效。如2004年的生态移民项目在保护生态脆弱的高原牧区的同时也惠及当地牧民，让牧民们搬入条件更好的长江源村；2016年"长江1号"邮局的创建使垃圾分类在当地蔚然成风；以长江源区生态文明建设为重点的三江源区生态保护与建设和三江源国家公园体制试点的推进，也让生态文明建设的理念深入人心。习近平生态文明思想的提出以及生态保护相关法律的颁布，都为生态文明教育的开展提供了强有力的保障。

（二）转变公众生态文明建设理念，促进生态文明教育发展

长江源区的生态文明建设和生态文明教育也离不开社会各界所作的努力。如2021年，演员胡歌和全国各地环保公益人士及60多名媒体记者一起参加了由中国包装联合会发起的"绿色江河"三江源生态环保公益活动。近年来，长江源区的地方宣传部门致力于当地生态文明建设事业的长足发展，与各方媒体一起宣传长江源区生态环境保护的必要性和重要性，让更多的社会组织和个人加入到保护长江源的

行列中。除此之外,也有越来越多的个人自发投入到长江源区保护工作中。以当地民间河长新文先生为例,自1992年退休后,新文先生便投身于当地生态文明建设工作,常年捡拾、清理草原及河流中的垃圾,维护良好环境。以新文先生为代表的长江源区志愿者还协助学校进行生态文明教育工作,促进了长江源区生态环境教育的多元化发展。

(三)创新生态文明教育机制和体系,反哺当地生态文明建设

以青海省格尔木市长江源民族学校为代表的长江源区学校在当地生态文明教育中发挥着重要的载体作用,反哺着当地生态文明建设。长江源民族学校在环保方面开创了家校联合机制:学校教育学生,学生再将这些环保知识和理念传递给家长。这一教学模式不仅让学生接受了系统的生态文明教育,还让更多的家长也加入进来,自下而上扩大生态文明教育的影响范围。在学校里,校园绿化也是由学生和老师共同维护的,这不仅为学生们创造了良好的学习环境,也让学生在实践中体会到良好生态环境的来之不易。

近年来,越来越多的学校结合自身实际情况,创新生态文明建设和生态文明教育的方式,其中有许多值得借鉴之处。除了青海省格尔木市长江源区民族学校的家校联合机制外,还有江苏生态文明学院的正式创建、东北林业大学在森林中开启的"实践第一课"等,它们都是以习近平生态文明思想为指导,将理论付诸实践,扩大生态文明教育影响范围的优质范例。长江源区生态文明教育道路任重道远,需要更加系统、全面地促进长江源区生态文明教育。

参考文献

龚克,2018. 担起生态文明教育的历史责任 培养建设美丽中国的一代新人[J]. 中国高教研究(8):1-5.

彭妮娅,2021. 新时代生态文明教育课程体系建设的几点思考[J]. 中国德育(10):30-34.

王晓燕,2020. 新时代生态文明教育的逻辑与进路[J]. 思想理论教育导刊(9):122-126.

习近平,2021. 在庆祝中国共产党成立100周年大会上的讲话[N]. 人民日报,2021-07-02(02).

叶日者,2022. 共同促进长江生态环境保护[N]. 人民日报,2022-08-05(05).

【支持项目:教育部2018年人文社会科学研究项目"高校思想政治理论课教师胜任力及队伍建设研究(18YJA710014)"、中国地质大学(武汉)2021年教学研究项目"投资与区域经济课程协同建设与拓展路径研究"、中国地质大学(武汉)基层教学组织项目"区域经济学科教融合创新育人团队"、中国地质大学(武汉)2022年教学研究项目(2022171)"长江源科考'三全育人'示范项目"。】

习近平生态文明思想"三进"研究进展与研究框架设计

邓宏兵[1,2]　覃爽[1,2]

1.中国地质大学(武汉) 经济管理学院,湖北 武汉 430074；
2.湖北省区域创新能力监测与分析软科学研究基地,湖北 武汉 430074

习近平生态文明思想"三进"(进教材、进课堂、进头脑)研究日益受到重视,分析、归纳、总结相关文献,把握研究进展,深度开展相关研究对生态文明教育具有重要意义,是学习践行习近平生态文明思想的重要举措。

一、习近平生态文明思想"三进"研究的重大意义

研究习近平生态文明思想"三进"问题是系统传播习近平生态文明思想的内在要求。它有利于加强思想政治教育,培养国民主动保护生态环境的社会责任感;有利于指导国民正确处理人与自然的关系,尊重自然、顺应自然、保护自然,形成科学的生态价值观;有利于引导国民正确认识人与自然的关系、经济和生态的关系,训练科学的生态思维、辩证思维,培养大局意识和整体意识。

按照分层、分类、多元途径原则,根据对象差异构建差异化"三进"推进体系,探寻一套切实有效的保障机制来推进习近平生态文明思想"三进"工作,有利于更好地把握习近平生态文明思想。以内在逻辑为依据,以科学、合理、系统的框架为依托,以实际绩效为检验标准,有利于从理论上深入探讨习近平生态文明思想。

探索推进习近平生态文明思想"三进"的方式和途径,有利于把习

近平生态文明思想融入思想政治教育，引导人们树立正确的生态文明观念，为建设中国特色社会主义生态文明提供新动力；有利于宣传和落实新发展理念，推进可持续发展；有利于学习理解国家生态文明建设政策布局，使社会各界自觉内化生态发展理念。

二、习近平生态文明思想"三进"研究进展

（一）习近平生态文明思想的理论渊源及主要内容的相关研究

厘清习近平生态文明思想的理论渊源及主要内容是研究习近平生态文明思想进教材、进课堂、进头脑的前提。相关代表性研究工作有：唐鸣等（2017）指出，习近平生态文明思想通过科学与人文双重价值的建构，为中国生态现代化发展道路提供关键指南，旨在树立一种"以人为本"生态现代化发展的衡量标准；张乾元等（2019）认为，习近平生态文明思想具有以绿色发展为核心的生态动力观，以良好生态环境为核心的生态民生观，以人与自然和谐共生为核心的生态系统论，以生态价值观为准则的生态文化观，以人类命运共同体为引领的生态合作观；平凡等（2021）指出，习近平生态文明思想领域的研究应进一步强化思想指导性研究；何冰等（2020）认为，习近平生态文明思想具有科学精神与人文精神相统一，底线思维与战略思维相统一，历史、现实与未来相统一，资源环境与创新发展相统一，民族性与世界性相统一的特征；荆克迪（2021）认为，习近平生态文明思想是当前我国社会主义现代化的重要指导纲领；张云飞（2021）指出，习近平生态文明思想是马克思主义生态文明思想在21世纪的新发展成果，以科学引领人道主义和自然主义就是新时代发展的新特征。

（二）习近平生态文明思想融入思想政治教育的相关研究

从目前学术界研究情况来看，习近平生态文明思想融入思想政治

教育方面的研究主要集中在高校板块。杨爽(2016)指出,生态文明观融入大学生思想政治教育全过程是时代赋予高校思想政治教育的历史重任,是提高高校思想政治教育实效性的现实举措。张红霞等(2018)认为,将生态文明教育融入大学生思想政治教育对促进大学生全面发展以及推动我国生态文明建设具有重要意义,应整合各种课程资源,充分发挥课堂教学在大学生生态文明教育中的重要作用。崔建霞(2020)指出,在思政教育中应当突出习近平生态文明思想的公平正义内涵,强调环境权利的人民性、城乡权利的平等性以及生态环境治理的全球性。何建宁(2020)从"三进"的逻辑框架出发,论述了习近平新时代中国特色社会主义思想"三进"工作对塑造学生历史观的意义,强调了系统思维对"三进"工作的意义。

研究认为,要将习近平生态文明思想更好地融入大学生思想政治教育中,就要落实好"怎么办"这一关键环节。冯红等(2016)认为,生态文明教育是思想政治教育的一项重要内容,国家应针对高校大学生生态文明教育拟定制度,使高校生态文明教育落实到实处。李进(2019)认为,习近平生态文明思想融入大学生思想政治教育具有充分可行性,高校教育使命是"立德树人",要以马克思主义理论为基本指导思想,不断更新思想政治教育内容。

黄冬福等(2022)指出,党的理论和思想进课堂、进教材、进头脑是我国长期以来坚持的教育方针。董凤等(2018)认为,随着时代发展,"三进"工作的具体内容在不断变化,但其核心问题始终聚焦于如何推进"三进"工作。唐小芹(2018)认为,目前相关研究集中在如何实现思想及理论进课堂、进教材,并提出了诸如实行考评机制、通过硬性要求将其嵌入课程、设置专门课程等具体措施。党的十九大后,中央再一次将"三进"工作作为院校教育的重要指导方针,并明确了指导思想要"入脑入心"的工作目标。教育部在2020年发布《高等学校课程思政建设指导纲要》,指出要"坚持不懈用习近平新时代中国特色社会主义思想铸魂育人,引导学生了解世情国情党情民情,增强对党的创新理论的政治认同、思想认同、情感认同,坚定中国特色社会主义道路自信、理论自信、制度自信、文化自信。"这要求我们从当代学生教育的一般规律出发,使"三进"工作相关研究真正做到让学生接受、理解并会运用这些理论知识。

(三)与"三进"直接相关的其他问题的研究

首先,传播方式与途径等是研究者较为关注的问题。Xu(2016)研究了中国微博的广泛使用对思想政治教育的影响。Wong等(2017)认为,传统的教学方式,尤其是制式教育中侧重于技能性知识传播的教学方式,对"三进"工作所要传播内容的传播效果有限。万新娟(2018)认为,"三进"工作预期效果实现的核心问题是对特定信息的传播方式与传播效果的研究。许权耀等(2019)从习近平生态文明思想的内涵主题出发,论述了习近平生态文明思想"三进"的意义,认为它将成为青年学生重要的思想引领。郇庆治等(2021)指出,在具体教学过程中,通过科研带动教学、创新教学形式、开展主题实践活动,可以进一步改善习近平生态文明思想教育教学效果。

其次,习近平生态文明思想"三进"研究除了要从政治高度展开外,还必须立足专业角度,即与生态文明相关的资源环境、生态等科学知识的传播是其重要基础,因而基于相关学科视角的传播研究也被研究者关注。Cordero等(2008)认为,生态技术知识的实践对于强化有较强科学技术倾向的信息的传播效果具有较好的促进作用。Zia等(2010)关注教育对于气候变化资讯传播的影响,指出不同的教育方式对传播内容与传播对象存在差异性的效果。Barbern等(2016)认为,通过开展专业知识教育可以提升生态教育的效果。这些成果对研究习近平生态文明思想"三进"参考意义重大。Kelemen-Finan 等(2018)分析了青年学生在公民科学领域的教育效果,指出与学习对象的接触和互动有助于激发学生的学习兴趣,强化教学效果。

文献分析表明,国内对习近平生态文明思想研究成果颇丰,对习近平生态文明思想"三进"的相关研究也有一定进展。以上研究成果为促进习近平生态文明思想"三进"融入思想政治教育提供了良好的基础,有助于进一步展开研究,在为什么要"三进"、如何"三进"等问题上需要加大研究力度。

三、习近平生态文明思想"三进"研究框架设计

本文以习近平生态文明思想融入思想政治教育,实现进教材、进课堂、进头脑为重点研究内容和对象,通过对习近平生态文明思想的梳理,着眼于当前生态文明教育和思想政治教育面临的困境和问题,分析原因,揭示机理,提出有针对性的解决方案,重点解决"三进"进什么、为什么要推动"三进"、"三进"研究态势如何、"三进"实践态势如何、如何推进"三进"、"三进"保障靠什么等问题。

(一)习近平生态文明思想的核心和本质

习近平生态文明思想是习近平新时代中国特色社会主义思想的重要组成部分,深刻回答了"为什么建设生态文明、建设什么样的生态文明、怎样建设生态文明"等重大理论和实践问题,强调人与自然是和谐共生的生命共同体,提出绿水青山就是金山银山的生态发展理念。推进习近平生态文明思想"三进"理论研究和实践工作,要对习近平生态文明思想进行深度学习和研究,抓住习近平生态文明思想的核心和本质。

(二)习近平生态文明思想"三进"的背景和意义

党的十八大首次将"生态文明"纳入"五位一体"总体布局;党的十

九大后,习近平强调指出,"要把生态文明建设放在突出地位,把绿水青山就是金山银山的理念印在脑子里、落实在行动上";党的二十大进一步深化了习近平生态文明思想。推进习近平生态文明思想"三进"工作是加强思想政治教育、贯彻落实习近平总书记重要讲话精神和党中央决策部署的根本要求。以高校为例,近几年高校对生态文明建设的重视程度逐渐加强,部分大学生的生态意识也在不断提高。但是,调查资料显示,部分大学生生态文明意识依然有待提高,亟须将习近平生态文明思想系统融入新一代大学生头脑中。因此,推动习近平生态文明思想"三进"意义重大。

(三)习近平生态文明思想"三进"研究进展与动态

可通过文献分析把握习近平生态文明思想"三进"的研究进展与动态,厘清习近平生态文明思想研究的学术渊源和内在精髓,不仅要掌握习近平生态文明思想与高校思想政治教育之间的关系,还要兼顾探讨揭示习近平生态文明思想在干部(公务员)培训、中小学思想政治教育、公民教育等层面的研究和实操进展,深入分析传播方式、途径等问题。

(四)习近平生态文明思想"三进"现状分析与评估

对习近平生态文明思想"三进"的现状进行分析与评估时,可以按照分层、分类的思想重点针对高校思想政治教育、干部(公务员)培训、中小学思想政治教育、公民教育等过程中习近平生态文明思想"三进"情况进行调查,从四个角度分别设计问卷,选择部分高校、政府部门、中小学、社区进行问卷调查,并对问卷进行分析,科学评估习近平生态文明思想"三进"现状、问题、制约因素、需求愿景、实施绩效等问题,为科学制定习近平生态文明思想"三进"方案提供依据。实地调研、基地建设等方法将被运用到此问题的研究中。2022年7月,我们在长江源

调研三江源国家公园生态文明教育开展情况(邓宏兵 摄)

的科学考察和长江源生态文明与绿色发展研究基地的建立是一次非常好的创新性尝试。

(五)习近平生态文明思想分层、分类、多元途径的"三进"推进体系

"进教材""进课堂""进头脑"三者既有相对独立性,又是一个密不可分的有机整体。"进教材"是推进习近平生态文明思想"三进"的重要前提;"进课堂"揭示了推进习近平生态文明思想"三进"的关键载体;"进头脑"是推进习近平生态文明思想"三进"的最终目的和检验该思想是否真正落到实处的重要标志。如何构建分层、分类、多元途径的

"三进"推进体系是本研究的核心问题。首先,需要区分高校思想政治教育、干部(公务员)培训、中小学思想政治教育、公民教育四种情况,分层分类施策。其次是过程环节的区分与有机联动,把习近平生态文明思想的理论成果充分体现在教材中,实现理论体系向教材体系的转化是首要工作,实现从教材体系向教学体系转化是"进课堂"的关键,把课堂知识体系转化为价值体系是"进头脑"的本质问题。

(六)习近平生态文明思想"三进"推进保障机制

建立相应保障机制来推进"三进"工作是非常必要的,主体责任、人员保障、绩效评价、资金保障是需要优先解决的问题。一是对推进习近平生态文明思想"三进"的主体进行分析,建立清晰明确的主体责任制。二是对人员保障问题进行分析,研究如何建设一支"三进"工作队伍。三是分析如何建立有效的绩效评价与激励机制,研究如何构建导向明确、系统完善的评价体系,并据此对"三进"工作者进行考核评估。四是对资金保障措施进行分析,强化习近平生态文明思想"三进"的物质保障。

研究和推进习近平生态文明思想"三进",精准把握习近平生态文明思想是前提,构建分层、分类、多元途径的"三进"推进体系是关键,落实保障机制是重点。

参考文献

陈源充,2020. 习近平生态文明思想的逻辑内涵:基于马克思发展哲学的视角[J]. 中南林业科技大学学报(社会科学版),14(1):8-12+26.

崔建霞,2020. 论习近平生态文明思想中的公平正义意蕴[J]. 思想理论教育导刊(12):43-49.

董凤,赵德成,2018. 习近平新时代中国特色社会主义思想"三进"工作研究述论[J]. 淮北职业技术学院学报,17(6):1-3.

房广顺,杨晓光,2014. 对中国梦战略思想纳入高校思想政治教育的思考[J]. 思想教育研究(3):43-47.

冯红,张天阔,2016. "美丽中国"视阈下的大学生生态文明教育探析[J]. 黑龙江畜牧兽医(8):276-278.

傅如良,李冬,2010. 科学发展观理论"三进"路径研究[J]. 思想理论教育导刊(5):46-49.

何冰,吴立红,马丽丹,2020. 习近平生态文明思想探析[J]. 黑龙江教育(理论与实践)(5):51-53.

何建宁,2020. 习近平新时代中国特色社会主义思想"三进"的四重逻辑[J]. 思想政治教育研究,36(5):7-11.

黄冬福,张太帅,2022. 习近平关于高校党建工作重要论述的理论践行研究[J]. 齐齐哈尔大学学报(哲学社会科学版)(5):6-8.

荆克迪,2021. 在全面建设社会主义现代化国家中坚定不移地深入贯彻绿色发展理念[J]. 政治经济学评论,12(2):82-96.

李进,2019. 习近平生态文明思想融入大学生思想政治教育研究[D]. 成都:西南石油大学.

李小曼,2022. "美丽中国"视域下大学生生态文明素养提升路径[J]. 环境教育(11):36-38.

吕慧,王昱皓,肖婧雯,2022. "双碳"背景下生态文明教育的困境与重构[J]. 环境教育(11):42-44.

平凡,杨莎莎,2021. 习近平生态文明思想研究的热点、演进与展望:基于CNKI数据库的Cite Space可视化分析[J]. 教育理论与实践,41(9):36-39.

唐鸣,杨美勤,2017. 习近平生态文明制度建设思想:逻辑蕴含、内在特质与实践向度[J]. 当代世界与社会主义(4):76-84.

唐小芹,2018. 论习近平新时代中国特色社会主义思想"三进"的多维路径[J]. 湖南省社会主义学院学报,19(4):11-14.

滕菲,2020. 习近平生态文明思想对人类世时代生态哲学的价值[J]. 中国人民大学学报(3):43-50.

万新娟,2018. 关于思政课教学庸俗化、娱乐化和政治淡化的分析[J]. 党史博采(理论)(03):68-69.

王德勋,陆林召,2015. 生态文明教育融入高校思政课课程体系探析[J]. 教育理论与实践,35(6):33-34.

许权耀,张伟莉,2019. 习近平生态文明思想融入高校思想政治理论课探究[J]. 学校党建与思想教育(17):93-95.

郇庆治,曹得宝,2021. 关于习近平生态文明思想教学的若干问题研究:以北京大学为例[J]. 中国大学教学(3):69-72.

杨爽,2016. 生态文明观融入大学生思想政治教育全过程研究[D]. 齐齐哈尔:齐齐哈尔大学.

张红霞,邵娜娜,2018. 将生态文明教育融入大学生思想政治教育的路径探赜[J]. 马克思主义与现实(4):166-171.

张乾元,赵阳,2019. 论习近平以人民为中心的生态文明思想[J]. 新疆师范大学学报(哲学社会科学版),40(1):26-34+2.

张强,王雪燕,任心甫,2020. 新时代推进习近平生态文明思想大众化的三个维度[J]. 毛泽东思想研究,37(1):69-73.

张云飞,2021. 习近平社会主义生态文明观的三重意蕴和贡献[J]. 中国人民大学学报(2):34-44.

BARBERN A, HAMMER T J, MADDEN A A, et al., 2016. Microbes should be central to ecological education and outreach [J]. Journal of Microbiology & Biology Education,17(1):23-28.

CORDERO E C, TODD A M, ABELLERA D, 2008. Climatechange education and the ecological footprint[J]. Bulletin of the American Meteorological Society,89(6):865-872.

HAMILTON L C, 2011.Education, politics and opinions about climate change evidence for interaction effects[J]. Climatic Change,104(2):231-242.

KELEMEN-FINAN J, SCHEUCH M, WINTER S, 2018. Contributions from citizen science to science education:An examination of a biodiversity citizen science project with schools in Central Europe [J]. International Journal of Science Education, 40(17):2078-2098.

KORTEN D, 2017. Ecological civilization and the new enlightenment [J]. Tikkun, 32(4):17-24.

XU Q, 2016. The impact of micro media communication on the effectiveness of ideological and political education and its countermeasures [J]. Higher Education of Social Science,10(4):1-4.

WONG K L, LEE C K J, CHAN K S J, et al., 2017. The model of teachers' perceptions of 'Good Citizens': Aligning with the changing conceptions of 'Good Citizens'[J]. Citizenship Teaching & Learning(1):43-66.

ZIA A, TODD A M, 2010.Evaluating the effects of ideology on public understanding of climate change science: How to improve communication across ideological divides?[J]. Public Understanding of Science, 19(6):743-761.

【支持项目：中国地质大学（武汉）2021年教学研究项目"投资与区域经济课程协同建设与拓展路径研究"、中国地质大学（武汉）基层教学组织项目"区域经济学科教融合创新育人团队"、中共湖北省委生态文明改革智库湖北省生态文明研究中心2022年度开放基金项目（SWSZK202203）"长江源生态文明建设与高质量发展研究"、中国地质大学（武汉）2022年教学研究项目（2022171）"长江源科考'三全育人'示范项目"。】

习近平生态文明思想进中小学课堂之探索与思考

覃纯[1]　陈大亮[2]　孔林芝[1]　刘发金[1]
1.宜昌市人文艺术高中,湖北　宜昌　443000；
2.人大附中深圳学校,广东　深圳　518000

推动习近平生态文明思想进中小学课堂意义重大。本文结合习近平总书记2016年8月视察青海省格尔木市长江源村、2018年4月视察湖北省宜昌市时的讲话精神,探讨习近平生态文明思想进中小学课堂的方式、途径及要解决的关键问题。

一、习近平生态文明思想进中小学课堂的重要意义

党的十八大首次将"生态文明"纳入"五位一体"总体布局。党的十九大后,习近平总书记强调指出,"要把生态文明建设放在突出地位,把绿水青山就是金山银山的理念印在脑子里、落实在行动上"。党的二十大进一步强调了生态文明建设的重要性。为贯彻落实习近平总书记重要讲话精神和党中央决策部署,思政教育也应尽快被提上日程,特别要注意从青少年学生抓起,推进习近平生态文明思想进中小学课堂。近几年来,中小学对生态文明教学的重视程度逐渐加强,中小学生的生态意识也在不断提高。但是,资料调查显示,部分中小学生生态文明意识依然有待提高,亟须将习近平生态文明思想系统融入新一代中小学生头脑中,要从娃娃抓起,中小学生是关键。积极探索推进习近平生态文明思想"进课堂"的方式和途径,把习近平生态文明

思想融入思想政治教育之中,有利于人们树立正确的生态文明观念,为建设中国特色社会主义生态文明提供新动力;有利于宣传和落实新发展理念,推进可持续发展;有利于学习理解国家生态文明建设政策布局,使社会各界自觉内化生态发展理念。

二、相关研究进展与文献综述

目前,有关习近平生态文明思想融入中小学课堂的理论研究越来越多,主要从习近平生态文明思想研究、生态文明教育体系及其重要性、生态文明课堂实践三个层面展开。

对习近平生态文明思想的研究主要从该思想的内涵本质、创新发展、贡献及意义等方面展开。张森年(2018)、王燕(2020)、郇庆治(2021)、郑振宇(2021)及冯朝睿等(2021)围绕习近平生态文明思想的发展历程及演进逻辑、核心概念、逻辑基础等进行了研究;刘希刚等(2019)、郝佳婧(2020)、高帅(2021)侧重分析了习近平生态文明思想的创新和贡献;王馨伟(2020)、成晓曼等(2020)探讨了习近平生态文明思想的意义和价值。厘清习近平生态文明思想的理论渊源及主要内容是研究习近平生态文明思想进中小学课堂的前提,这些研究作了很好的铺垫。

对生态文明教育体系及其重要性的研究主要围绕生态文明教育进教材、进课堂的总体推进等方面展开。教育部高度重视中小学生态文明教育,在"美丽中国,我是行动者"主题实践活动的推动下,明确提出推进生态文明教育进教材、进课堂。天津市率先把生态文明教育纳入国民教育体系,提出生态文明教育要进课堂。武汉市构建以课程为核心引领的生态环境教育体系,在中学设置相关课程。杨东风(2013)、沈峰等(2014)等围绕生态文明进课堂进行了研究;裴广一(2019)基于课堂教学实践视角探讨了习近平生态文明思想的历史脉络。这些研究为推进习近平生态文明思想进中小学课堂提供了直接参考。

更多的研究直接围绕习近平生态文明思想进中小学课堂的方式、路径、案例等方面展开。以地理课堂为例,郭辉(2020)探讨了如何在高中地理课堂中培养学生的生态文明观;高迎晓(2019)、赵海洋(2021)分析了生态文明教育与地理课堂教学中的结合问题;田月华(2015)、袁军(2020)、邓钧等(2021)研究了在高中地理课堂中开展生态文明教育的路径、方法及案例等。

文献分析表明,国内对习近平生态文明思想的研究成果颇丰,对习近平生态文明思想进教材、进课堂的相关研究也有一定进展。如何把习近平生态文明思想进教材、进课堂延伸到中小学是需要关注和进一步探讨的问题。

三、习近平生态文明思想进中小学课堂的实践

(一)长江源民族学校的实践

长江源村位于青海省海西蒙古族藏族自治州格尔木市南郊的唐古拉山镇。2004年11月,格尔木市唐古拉山镇128户407名群众积极响应国家三江源生态保护政策,从平均海拔4700m的沱沱河地区搬迁至格尔木市南郊的移民定居点。2006年8月,民政部门正式批准建立唐古拉山镇长江源村。这是一个为践行习近平生态文明思想而诞生的村,一个省级"生态文明示范村"。长江源民族学校长期坚持生态文明教育,长期与绿色江河志愿者组织合作,加强对全校师生的绿色环保教育,提高师生的环保意识,开展了"长江第一小卫队"等系列活动,通过"小手拉大手"的方式提高家长的环保意识,为保护环境、保护母亲河作出了巨大贡献。长江源民族学校坚持向全校师生和社会公众普及长江流域和保护长江的相关知识,通过小游戏让孩子们了解长江

高度重视生态文明教育的长江源民族学校（邓宏兵 摄）

流经的各个省市的情况，唱诵《长江之歌》，环保效果显著。

（二）宜昌市人文艺术高中的实践

2018年4月，习近平总书记考察长江经济带发展情况，第一站便是湖北宜昌。结合习近平总书记这次视察的重要讲话精神，我们系统深入学习了习近平生态文明思想，并尝试结合高中地理课程进行了教学实践。

首先，我们将习近平生态文明思想与高中地理课程的教学内容进行了衔接。比如，人教版高中《地理》（必修，第二册）教材中第五章内容为"环境与发展"，第一节内容为"人类面临的主要环境问题"，我们除了按教材讲授"环境问题及其产生的原因、环境问题的表现"等知识点外，还结合习近平总书记视察宜昌及关于长江经济带的重要讲话精神进行教学。课标内容要求运用资料说明我国水资源概况和水环境污染的严峻性，分析我国固体废弃物污染的状况；要求鼓励学生主动探究身边的环境问题并提出相应的解决措施,鼓励学生调查学校附近农田中农药、地膜、化肥的使用情况,以及垃圾分类情况。我们一方面从知识传播视角进行了分析,另一方面要求学生结合实际、结合习近平总书记的视察进行了分析。深刻理解为什么习近平总书记强调"要把修复长江生态环境摆在压倒性位置,共抓大保护、不搞大开发""使母亲河永葆生机活力",并且辩证分析保护与发展的关系——不是说不要大发展,而是要立下生态优先的规矩,倒逼产业转型升级,实现高质量发展。这种理论与教材有机结合的课堂讲授效果良好。

其次,我们注重建立实习基地和观察点并开展系列实践活动。我们把宜昌市长江生态修复424公园、兴发集团新材料产业园、三峡大坝、许家冲村等地作为本校高中地理课程的实习观察基地,通过多种形式要求学生带着问题到这些地方调研,积极和生态环保、城市建设等部门建立广泛联系,让学生实习参观。活动目标是让学生在真实环境下通过听讲解、参观、提问、撰写调查报告等方式提升环保意识,深刻领会习近平生态文明思想;让学生了解生活垃圾处理的各环节,认识垃圾分类的必要性;增强学生的人地协调观,丰富其社团活动经历,培养团队合作精神。实践证明这样的活动很有意义,很多知识和观

424公园已成为湖北省宜昌市中小学生态文明教育的
重要基地(刘发金 摄)

念,在实践中学习比在教室里听宣讲更让学生印象深刻。学校和老师要以高度的责任感和使命感,努力探索,坚持不懈,用优质的课程资源,将习近平生态文明思想的种子根植在孩子们的心田,为建设美丽宜昌、美丽中国作出我们应有的贡献。

四、习近平生态文明思想进中小学课堂要解决的关键问题

通过理论分析和实践活动,我们认为习近平生态文明思想进中小学课堂要以问题为导向,重点解决进什么、如何进等问题。

首先,要对习近平生态文明思想进中小学课堂的现状进行分析与评估,主要方法有问卷调查、实地走访、资料分析等。可以设计问卷,选择部分中学进行问卷调查,并对问卷进行分析,科学评估习近平生态文明思想进中小学课堂的现状、问题、制约因素、需求愿景、实施绩效等,为科学制定习近平生态文明思想进中小学课堂方案提供依据。

其次,要高度概括习近平生态文明思想的核心和本质,解决进什么的问题。习近平生态文明思想是习近平新时代中国特色社会主义思想的重要组成部分,深刻回答了"为什么建设生态文明、建设什么样的生态文明、怎样建设生态文明"等重大理论和实践问题,强调人与自然是和谐共生的生命共同体,提出绿水青山就是金山银山的生态发展理念。推进习近平生态文明思想进中小学课堂的理论研究和实践工作,首先要对习近平生态文明思想进行深度学习和研究,抓住习近平生态文明思想的核心和本质。

最后,建立习近平生态文明思想进中小学课堂推进保障机制。要对推进习近平生态文明思想进中小学课堂的主体进行分析,建立清晰明确的主体责任制,对中小学老师要进行系统培训,建设一支习近平生态文明思想进中小学课堂的教师队伍。构建导向明确、系统完善的评价体系,并据此对习近平生态文明思想进中小学课堂工作进行考核

评估。同时,资金等保障措施要到位,强化习近平生态文明思想"进课堂"的物质保障。

参考文献

成晓曼,王静婕,2020. 习近平生态文明思想的国际意蕴[J]. 河北省社会主义学院学报(4):12-17.

陈坚,许玉娟,2022. 中小学生态文明教育进阶与路径设计:基于小学科学和中学生物学课程教材的分析[J]. 基础教育课程(23):36-41.

邓钧,江涌芝,郭程轩,等,2021. 人地关系视域下地理课堂融入党史教育的路径探析[J]. 中学地理教学参考(11):8-12.

冯朝睿,尹俊越,2021. 习近平生态文明思想的科学内涵、研究现状及进路研判[J]. 学术探索(09):1-11.

高帅,2021. 习近平生态文明思想对恩格斯自然观的丰富与发展[J]. 思想理论教育(10):44-48.

高迎晓,2019. 生态文明教育在地理课堂教学中的渗透[J]. 产业与科技论坛,18(9):170-172.

郭辉,2020. 高中地理课堂中对学生生态文明观的培养[J]. 科幻画报(7):92.

黄惠英,2022. 基于"海绵城市"视角下的生态文明教育实践:苏州高新区白马涧小学生态文明教育纪实[J]. 环境教育(11):98.

郝佳婧,2020. 习近平生态文明思想的原创性贡献[J]. 中南林业科技大学学报(社会科学版),14(2):1-6+34.

刘希刚,孙芬,2019. 论习近平生态文明思想创新[J]. 江苏社会科学(3):11-19.

裴广一,2019. 习近平生态文明思想历史脉络探析:基于课堂教学实践的视角[J]. 新东方(5):11-18.

孙浩,2021. 创建绿色校园,打造生态课堂:辽宁省本溪一中生态文明教育纪实[J]. 环境教育(4):67.

沈峰,程汉鹏,2014. 生态文明教育进课堂值得推崇[N]. 中国绿色时报,2014-10-27(03).

田月华,2015. 高中地理课堂生态文明教育案例教学[D]. 武汉:华中师范大学.

王燕,2020. 新发展理念视角下习近平生态文明思想探析[J]. 党史博采(理论版)(12):4-6.

王馨伟,2020. 习近平生态文明思想的世界性意义[J]. 产业与科技论坛,19(19):7-8.

郇庆治,2021. 习近平生态文明思想的体系样态、核心概念和基本命题[J]. 学术月刊,53(09):5-16+48.

杨东风,2013. 如何使生态文明走进课堂[J]. 快乐阅读(14):108.

袁军,2020. 浅谈将生态文明教育融入地理课堂教学中的方法[J]. 天天爱科学(教育前沿)(2):192.

朱翠兰,王彬彬,王俊,2021. 把绿水青山搬进学校课堂:武汉市构建以课程为核心引领的生态环境教育体系[J]. 环境教育(5):26-29.

赵海洋,2021. 高中地理课堂教学中生态文明教育的巧妙融合渗透研究[J]. 文理导航(31):47-48.

郑振宇,2021. 习近平生态文明思想发展历程及演进逻辑[J]. 中南林业科技大学学报(社会科学版),15(2):1-7+13.

张淑敏,2017. 开学第一课,生态文明正式进课堂:天津率先把生态文明教育纳入国民教育体系[J]. 环境教育(9):19-21.

张森年,2018. 习近平生态文明思想的哲学基础与逻辑体系[J]. 南京大学学报(哲学·人文科学·社会科学),55(6):5-11.

青藏高原野外生态文明思政教育和课堂建设研究

邓宏兵[1,2] 焦弘睿[1,2]

1. 中国地质大学（武汉）经济管理学院，湖北 武汉 430074；
2. 湖北省区域创新能力监测与分析软科学研究基地，湖北 武汉 430074

党的二十大报告指出："尊重自然、顺应自然、保护自然，是全面建设社会主义现代化国家的内在要求。"生态文明教育是生态文明建设的重要基础，党的十八大以来，我国生态文明教育在生态文明建设战略背景下取得了卓越成就（岳伟等，2022）。野外生态文明思政教育和课堂建设有其特殊性和重大意义，其典型特征在于提高学生在生态文明思政教育过程中的实践参与度，鼓励学生走出教室、走进自然，在野外科考中感知人与自然。通过野外环境中的知识传授，立体多元地向学生展示生态文明建设实际情况，使其能够直观感知我国生态环境保护问题，认识我国面临的生态压力，感知生态价值的多重意蕴，加深对生态文明理论的认同，充分调动学生的主动性与积极性。2022年7月，我们参加了中国地质大学（武汉）第二次大学生长江源科考，结合考察活动，我们对青藏高原野外生态文明思政教育和课堂建设问题进行了实践性探讨和研究。

一、党建引领，贯彻始终

这次科考活动期间，学校专门成立了临时党支部，加强科考活动的组织领导。同时，各成员单位党委、党支部时刻与科考队员保持联系,保持和发挥党员师生的模范带头作用。作为人文与社科组的主体支持单位,中国地质大学(武汉)经济管理学院党委、金融与贸易系党支部及旅游管理系党支部的领导和党员师生、入党积极分子自始至终参与科考活动的组织和协调工作,为科考活动的顺利完成作出了应有的贡献。考察活动到哪里,党支部活动就到哪里。我们深入长江源村,和受到中共中央表彰的全国先进基层党组织长江源村党支部领导及党员进行了深入交流,科考队员深受启发和教育。

与全国先进基层党组织长江源村党支部交流(郭声凯 摄)

金融与贸易系党支部调研长江源牧区(郭声凯 摄)

旅游管理系党支部调研长江源村(小马 摄)

二、感知实践,增强自信

通过实践考察,我们了解和见证了青藏高原长江源区的变化和建设现状,广大师生感受到了祖国的伟大和强盛,感受到了美丽中国的本质,感受到了长江源文化的深厚底蕴。大部分师生是第一次到青藏高原,第一次到长江源区,为祖国壮丽河山所震撼,通过对长江源移民新村的考察,对玛曲乡新农村建设和精准扶贫成果的参观,以及对牧区牧民的深度访谈,增强了"四个自信"。看到一条条天路纵横青藏高原,自豪感油然而生。这些活生生的案例,增强了我校师生对伟大祖国的热爱。

建设中的玛曲乡生态移民新区(李辉 摄)

三、专业领航，领悟真知

在这次科考活动中，我们人文与社科组紧紧结合学科特点和专业优势，围绕"长江源人文与社会经济高质量发展"这一主题，完成了"入村串户探访高原牧区振兴之路、协作共觅长江源生态文明建设之策、雪域高原唱响长江大保护之声"三项工作。这些专业考察活动，提升了我们的认识水平，让我们对生态文明与绿色发展有了新的认识和感悟。我们取得了"长江源高原牧区生态文明建设与绿色高质量发展"的系列科研成果，真正做到"把论文写在祖国的大地上"；我们取得了习近平生态文明思想实践教育的思政教研系列成果，真正做到了习近平生态文明思想入心、入脑、落地；我们为持续开展长江源生态文明建设与高原牧区绿色发展研究夯实了可持续的协作平台。通过对可可西里保护区的参观，对长江源区环保工作的调研，以及对长江源区冰川、冻土融化和草原荒漠化的考察，全体师生坚定了生态文明理念，感知了生态环保的重要性和实现双碳目标的紧迫性。我们在各拉丹冬雪山上发出了保护长江的倡议，弘扬了长江大保护和生态文明理念，全体师生接受了一场生态文明教育的实践洗礼。

四、精神传承，奋斗不息

精神教育和传承是我们这次科考中思政教育的重要内容。我们主要从四个方面开展了相关工作：一是宣讲中华民族历史上对青藏高原的保护和开发，尤其是中国共产党为了维护祖国统一、民族团结、共同富裕作出的巨大努力和开展的工作；二是宣讲老一辈科学家克服重重困难开展对青藏高原的科学考察，培养学生的科学精神；三是考察中我们向索南达杰烈士献花，了解无数仁人志士为保护青藏高原所作的贡献；四是弘扬"艰苦朴素，求真务实"的地大校训和精神，弘扬地大的"攀登"精神，我们科考队员冒着生命危险，克服劳累和高原反应开展野外工作,用生命谱写了不畏艰难、奋斗不息的精神。

以生态文明教育为主的思政教育始终贯穿本次科考:出发前在全校范围内宣传"长江大保护";科考途中开展向索南达杰烈士献花、参观可可西里环境保护站、在雪域高原唱响长江大保护之声等活动;科考返回后进一步引导学生根据考察内容研究长江源地区的环境变迁……教师团队始终不忘言传身教,将生态文明教育、思政课堂建设与青藏高原野外科考过程有机结合,通过引导学生身体力行参与生态文明建设活动,促使他们深刻体会生态文明建设的重要性与必然性,从而规范自己的行为,并进一步发挥科考队员的引领辐射作用,带动更多青年学子加入生态文明建设的队伍。新时期,生态文明教育逐步朝向规范发展、全民参与、素养导向等趋势演进(王晓燕,2020)。本次青藏高原野外生态文明教育的成功实践经由中央电视台、新华社等多家权威媒体报道传播,在校内及社会上产生了极大反响。

我们将持续开展青藏高原野外生态文明思政教育和课堂建设,进一步增强学生在生态文明思政教育中的参与感。学生的切身参与是生态文明思政教育与课堂建设的一大创新,它打破了传统讲习课堂模式,让学生切身参与了解我国生态环境保护现实情况,有助于培养学生的主人翁意识,鼓励学生从现实中发现问题、分析问题、解决问题。后续将进一步依托数字传媒,将生态文明思政教育课堂由校园推广至社会,打破校园围墙壁垒,在社会层面引发关注,吸引越来越多的人加入生态文明思政教育课堂。

参考文献

王晓燕,2020. 新时代生态文明教育的逻辑与进路[J]. 思想理论教育导刊(9):122-126.

岳伟,陈俊源,2022. 环境与生态文明教育的中国实践与未来展望[J]. 湖南师范大学教育科学学报,21(2):1-9.

【支持项目:中国地质大学(武汉)2021年教学研究项目"投资与区域经济课程协同建设与拓展路径研究"、中国地质大学(武汉)基层教学组织项目"区域经济学科教融合创新育人团队"、中共湖北省委生态文明改革智库湖北省生态文明研究中心2022年度开放基金项目(SWSZK202203)"长江源生态文明建设与高质量发展研究"、中国地质大学(武汉)2022年教学研究项目(2022171)"长江源科考'三全育人'示范项目"。】

协同推进生态文明建设与共同富裕

邓宏兵[1,2]　张天铃[1,2]　及添正[1,2]　王玮琨[1,2]
1.中国地质大学（武汉）经济管理学院，湖北　武汉　430074；
2.湖北省区域创新能力监测与分析软科学研究基地，湖北　武汉　430074

生态文明建设与共同富裕是新时代的两个重要问题，如何协同推进生态文明建设与共同富裕关系到中国式现代化的顺利实现和中华民族的伟大复兴。

一、把握研究进展与脉络

20世纪60年代，人类开始意识到生态环境问题的重要性，出现了全球性的绿色运动。人们试图寻找一种理论来改变当前环境不断恶化的现状。生态文明是在对传统工业发展模式和生态危机进行深刻反思的过程中形成的。西方关于生态文明的研究成果极其丰富，学者们基于生态现代化、生态经济学、可持续发展思想，对经济、社会与环境协调发展的方式和路径进行了深入探索。Morrison(1995)首次提出英语语境下的生态文明概念。Gare(2010)认为，生态文明是一种全球性的文明形态，只能产生于工业文明背景下的世界秩序中，但是生态文明会超越并改变这种文明。Pelletier(2010)从物质和能量的角度对经济活动的环境影响进行了分析。Magdoff(2012)指出，生态文明是人与自然、人与人之间和谐相处的文明。

国内学者基于中国国情围绕生态文明建设进行了大量研究,成果集中在三个方面:生态文明建设的理论基础、理念目标和路径选择。方发龙(2008)分别从物质变换理论、地理环境论和非均衡发展理论视角阐发了区域生态文明建设的马克思主义理论基础,并提出了区域生态文明建设的概念。彭继红等(2015)认为,生态文明应当从区域自然环境和社会人文环境出发,创造出"自然－人－社会"三位一体的全新的生态文明主体的存在方式和生活方式。肖祥等(2013)从文化共享、责任共享、资源共享、信息共享、利益共享、风险共享和机会共享七个方面阐述了生态文明建设共享理念或原则的主要内容。韩逸等(2021)认为,区域可持续发展是全球可持续发展的主要组成部分,应当关注可持续发展的驱动力在不同区域尺度上的变化、区域依赖性对可持续性的影响、局域和全域之间的相互作用。孔翔等(2011)认为,生态文明建设是一个长期性的宏观目标,不能一蹴而就。张振波(2013)认为,应该建构政府引导、企业主体、社会支持和公民参与的多元协同格局,从而推动区域生态文明建设作为一项国家战略的贯彻落实。

对于共同富裕,目前学术界主要从两个方面进行研究。一类是从理论角度分析共同富裕的内涵、特征、战略目标以及如何解决城乡差距、区域差距和收入差距等。覃成林等(2017)运用1999—2013年285个地级及以上市行政区的面板数据,考察先富地区是否带动了其他地区共同富裕。向国成等(2018)以分工结构演化为主线,运用超边际分析方法,建立自给自足不超越温饱水平的理论基准,阐明分工发展是迈向共同富裕的必由之路。江鑫等(2019)基于超边际分工经济学理论构建了一个包括两种粮食产品、一种中间产品和最终产品在内的四部门三区域的城乡分工理论模型,并以此探讨了城乡公路体系网络化与共同富裕的关系及其影响机理。第二类主要是关注于先富地区能否带动其他地区共同富裕的问题。江亚洲等(2021)认为,运用第三次分配推动共同富裕,需要培育社会慈善主体,拓展第三次分配的体量和范围,建立健全第三次分配回报社会的激励机制。白永秀等(2022)以中国共产党经济理论体系的逻辑结构讲述了以共同富裕为主线的建设道路。李军鹏(2021)认为,社会整体进入富裕社会、全体人民都富裕、全面富裕、消除了两极分化但存在合理差距的普遍富裕,是共同富裕的四个重要特征。刘培林等(2021)指出,实现共同富裕,必须解决好发展的不平衡、不充分问题。

学者们进一步探究了生态文明建设与共同富裕间的关系并积累了一批具有代表性的成果。洪银兴等(2018)把握习近平提出的新时代中国经济高质量发展的要求,着重从历史逻辑、理论逻辑和实践逻辑讨论习近平新发展理念的重大意义。张云飞(2021)从生态扶贫的角度探究生态文明建设对共同富裕的影响,生态扶贫的本质在于坚持绿色发展、共享发展与扶贫开发的有机融合,坚持生态文明建设、共同富裕与脱贫攻坚的内在统一。沈满洪(2021)指出,生态文明建设驱动共同富裕是一项系统工程,需要确立可持续性的治理目标、分工协作的治理结构、绿色共富的治理制度。郭珉媛(2022)提出,扎实推动共同富裕,不仅要实现物质层面的共同富裕,更要促进包括精神层面、生态层面在内的更加全面的共同富裕。

当前学术界对生态文明建设、共同富裕的研究已取得了丰富的成果,但当前的研究大多数是从经济、社会和生态等领域对生态文明建设、共同富裕进行局部性研究,缺乏对两者之间可持续发展内在关联的整体性分析。加强生态文明建设、走共同富裕之路,都是国家的重大战略,但少有文献将两者联合起来进行研究。在推进人与自然和谐共生的现代化建设进程中,深入研究两者的关系很有必要。开展生态文明建设为实现共同富裕提供前提条件,是实现共同富裕的内在要求。将两者置于统一研究框架下,重新审视生态文明建设与共同富裕之间的内在关联,深入分析两者作用路径与因果关系具有重大意义。

二、厘清逻辑思路和重点

(一)创新研究视角

1. 从生态文明视角探究共同富裕问题

共同富裕不仅是经济上的共同富裕,而且是物质上和精神上的共同富裕,也是生态上的共同富裕。共同富裕是物质文明、政治文明、精神文明、社会文明、生态文明五大文明高度发达基础之上的共同富裕。从生态文明视角探究共同富裕问题,就是要通过对我国生态文明建设所涵盖的内容进行全面梳理,把握生态文明作为发展模式的本质,透过实践分析,探索出一条体现福利最大化并具有绿色福利的共同富裕之路。

2. 从共同富裕视角对我国生态文明建设路径进行探索

生态文明是共同富裕的重要内容,生态共同富裕是生态文明与共同富裕有机统一的逻辑推演。绿水青山就是金山银山的发展理念,本质上也是生态共同富裕理念。没有生态环境的改善和优美,没有人与自然的和谐共生,没有生态共同富裕,就不可能有真正意义上的共同富裕。因此,要从共同富裕的视角探索生态文明建设之路,在化解生态矛盾中实现经济发展和生态效益双赢。

(二)明确核心要义

1. 生态共同富裕是共同富裕的题中之义

共同富裕是社会主义的本质要求,是中国式现代化的重要特征。共同富裕不是单纯的物质富裕,它还包括精神的富足,生态的优良,人与自然、社会的和谐,以及人的自由全面发展。以共同富裕为目标和重要特征的中国特色社会主义建设，必然包含着丰富的生态文明意蕴。

2.良好的生态环境是最普惠的民生福祉

人与自然是不可分割的有机系统，生态环境是人最为基本的需要之一，优质、充裕、公平的生态产品的供给是保障人的全面自由发展不可或缺的重要条件，也是体现社会公平正义、缩小不同阶层收入分配差距的基本保证。习近平总书记强调："良好生态环境是最普惠的民生福祉。"实现共同富裕既要创造更多物质财富和精神财富以满足人民日益增长的美好生活需要，也要提供更多优质生态产品，努力实现社会公平正义，不断满足人民日益增长的优美生态环境需要。一百年来，我们党始终坚持在保护生态环境中增进民生福祉。进入新时代，以习近平同志为核心的党中央大力推进生态文明建设、美丽中国建设，着力守护良好生态环境这个最普惠的民生福祉，人民群众源自生态环境的获得感、幸福感、安全感显著增强。加强生态文明建设，是贯彻新发展理念、推动经济社会高质量发展的必然要求，也是人民群众追求高品质生活的共识和呼声。实现共同富裕之路就是把人民群众对优美生态环境的期待作为社会主义现代化建设的重要目标之一，为全体人民提供更多优质生态产品，让人民群众在天蓝、地绿、水清的优美生态环境中生产、生活。这既是中国共产党宗旨的具体体现和实现共同富裕的内在要求，也是衡量人类社会文明进步的最高价值标准。

三、突破关键问题和难点

1.进一步剖析生态文明建设与共同富裕间的内在逻辑

共同富裕是全面系统的概念。生态文明建设事关人与自然的和谐共生，是高质量发展的"破题"关键。生态环境是人们拥有的最为公平且普惠的民生福祉。因此,剖析并厘清两者间的内在逻辑至关重要。

2.协同生态文明建设与共同富裕实现路径

生态文明建设关乎社会发展的质量,是对经济增长、社会发展与生态保护三者辩证统一关系的深邃思考。因此,要立足于新发展阶段的时代背景,探寻新发展阶段共同富裕的时代特点、困境阻碍,并从生态方面寻求突破路径,从而推动共同富裕的实现。

3.形成生态文明建设与共同富裕可持续发展体系

习近平总书记提出的绿水青山就是金山银山理念,已指明了共同富裕的生态发展方向与路径。实现经济生态化与生态经济化,是绿水青山就是金山银山理念的经济含义表征形式。要实现生态宜居与生活富裕的目标,必须坚守生态与发展两条底线,必须破除在发展过程中生态效益与经济效益的不一致性,形成生态环境与经济社会的协同发展体系,在两者协同发展体系下,进一步探索生态文明建设与共同富裕的可持续发展体系。

参考文献

白永秀,苏小庆,王颂吉,2022. 中国共产党探索经济发展道路百年历程及其理论创新[J]. 上海经济研究(4):5-12.

方发龙,2008. 马克思物质变换理论对我国区域生态文明建设的启示[J]. 经济问题探索(9):27-30.

郭珉媛,2022. 以高水平生态文明建设推动共同富裕[N]. 中国社会科学报,2022-04-27(A03).

洪银兴,刘伟,高培勇,等,2018."习近平新时代中国特色社会主义经济思想"笔谈[J]. 中国社会科学(9):4-73+204-205.

韩逸,赵文武,郑博福,2021. 推进生态文明建设,促进区域可持续发展:中国生态文明与可持续发展2020年学术论坛述评[J]. 生态学报,41(3):1259-1265.

江鑫,黄乾,2019. 城乡公路体系网络化与共同富裕:基于超边际分工理论分析[J]. 南开经济研究(6):64-85.

江亚洲,郁建兴,2021. 第三次分配推动共同富裕的作用与机制[J]. 浙江社会科学(9):76-83+157-158.

孔翔,郑汝楠,2011. 低碳经济发展与区域生态文明建设关系初探[J]. 经济问题探索(2):44-48.

李军鹏,2021. 共同富裕:概念辨析、百年探索与现代化目标[J]. 改革(10):12-21.

刘培林,钱滔,黄先海,等,2021. 共同富裕的内涵、实现路径与测度方法[J]. 管理世界,37(8):117-129.

彭继红,任书东,2015. 马克思主义地理环境论与区域生态文明建设[J]. 湖南大学学报(社会科学版),29(6):102-106.

沈满洪,2021.生态文明视角下的共同富裕观[J]. 治理研究(5):5-13.

覃成林,杨霞,2017. 先富地区带动了其他地区共同富裕吗:基于空间外溢效应的分析[J]. 中国工业经济(10):44-61.

向国成,邝劲松,邝嫦娥,2018. 绿色发展促进共同富裕的内在机理与实现路径[J]. 郑州大学学报(哲学社会科学版),51(6):71-76.

肖祥,谭培文,2013. 区域生态文明共享:发展伦理视域中的生态文明建设新理路[J]. 广西师范大学学报(哲学社会科学版),49(5):57-61.

张振波,2013. 多元协同:区域生态文明建设的路径选择[J]. 山东行政学院学报(5):30-32.

张云飞,2021.我国生态反贫困的探索和经验[J]. 城市与环境研究(2):65-81.

GARE A,2010. Toward an ecological civilization [J]. Process Studies,39(1):5-38.

MAGDOFF F,2012. Harmony and ecological civilization:Beyond the capitalist alienation of nature [J]. Monthly Review,64(2):1-9.

MORRISON R,1995. Ecological democracy [M]. Boston:South End Press.

PELLETIER N,2010. Of laws and limits:An ecological economic perspective on redressing the failure of contemporary global environmental governance [J]. Global Environmental Change,20(2):220-228.

【支持项目:中国地质大学(武汉)2021年教学研究项目"投资与区域经济课程协同建设与拓展路径研究"、中国地质大学(武汉)基层教学组织项目"区域经济学科教融合创新育人团队"、中共湖北省委生态文明改革智库湖北省生态文明研究中心2022年度开放基金项目(SWSZK202203)"长江源生态文明建设与高质量发展研究"、中国地质大学(武汉)2022年教学研究项目(2022171)"长江源科考'三全育人'示范项目"。】

第4篇 梦绕长江源

求索高原牧区
乡村振兴与生态文明建设的衔接路径

明海英　焦弘睿

2022年暑假期间,中国地质大学(武汉)进行了为期半个月的第二次大学生长江源科考活动。中国区域科学协会副理事长、中国区域科学协会生态文明研究专业委员会常务副主任、长江流域高质量发展研究团队首席专家邓宏兵担任科考队人文与社科组组长,前往青藏高原,走进"中国少数民族特色村寨"长江源村,考察高原牧区乡村振兴与长江源生态文明建设。

团队本次到青藏高原的主要任务包括高原牧区乡村振兴情况调研、长江源公众生态环境保护意识调查研究、长江源生态移民后续产业发展研究、长江源生态文明与绿色发展研究、长江源居民幸福感与可持续生计调查等。团队走访了青藏高原地区多个具有典型代表意义的乡镇,深入走进长江源村村史馆、长江源民族学校等多个具有典型代表意义的调研地点,通过半结构式访谈和问卷调研等形式,对格尔木市、唐古拉山镇、长江源村相关负责干部及新村居民、外来经商人员等展开走访调研,深入了解青藏高原地区乡村振兴与生态文明建设的实际背景与现实状况。

邓宏兵和团队成员中国地质大学(武汉)经济管理学院旅游管理系教授李江敏等走进居民家庭了解生态移民生活现状与乡村振兴成果。2004年,唐古拉山镇128户人家响应国家三江源生态保护政策,自发搬迁到位于格尔木市城郊的长江源村。18年后的长江源村，处处宁静祥和，以红白色为主色调的藏式装修风格让人耳目一新，家家户户窗明几净、红旗飘扬，乡村振兴的意义在这里得以诠释。团队成员在与唐古拉山镇镇长白玛多杰参观长江源村村史馆的过程中了解到，自2018年长江源村被确定为青海省省级乡村振兴示范试点村以来，长江源村始终坚持以美丽宜居乡村建设为抓手，结合民族地域特色，深入开展实施乡村振兴战略各项工作，围绕高原特色资源，发挥长江源村优势，大力发展生态特色产业，引导群众积极注册企业；遵循绿色、生态、高效、有机原则，深入思考绿色生态畜牧业发展路径，以畜牧业为支撑，以第三产业为主导，大力发展文化旅游业，在顺利通过唐古拉牦牛、唐古拉藏羊地理标识认证的基础上，申报长江源村民族风情园项目，让广大村民参与到手工编织、藏餐体验、藏民俗风情游等活动中，发挥产业带动作用，引导个人经营向企业、合作社经营转变，促进牧民增收；积极发展壮大村集体经济，在保证原有村集体经济收入的基础上，2019年唐古拉山镇争取到中央财政补助资金150万，投入120万元建设了唐古拉山镇长江源村牛羊肉加工车间。

在了解长江源村移民生活情况及乡村振兴工作情况后，团队来到了平均海拔4700m的唐古拉山镇沱沱河区域，调查长江源生态文明建设成果。成员在采访唐古拉山镇人民政府工作人员的过程中了解到，近年来，沱沱河水质有所改善，生态环境明显转好。2017年底，唐古拉山镇发布征集民间河长的公告后，当地群众踊跃报名，民间河长率先参加沱沱河环保活动，并积极投入到宣传相关政策、动员当地牧民主动参与保护长江的活动中来。如今，唐古拉山镇五个村超过70%的人是生态管护员和湿地保护员。不仅当地的牧民愿意清理自己的垃圾，越来越多的外地人也自愿加入到了保护生态环境的队伍中。清澈河水倒映出蓝天白云，生态文明建设卓有成效。综合调研结果来看，唐古拉山镇地区乡村振兴与生态文明建设均取得了卓越成绩,居民生活条件改善,幸福感与获得感强,自然环境得到保护,人与自然和谐共生。

沱沱河考察途中的午餐(李辉 摄)

乡村振兴与生态文明有机衔接是在实现乡村生态善治的基础上营造生态宜居的乡村空间,促进乡村经济社会的高质量发展。唐古拉山镇长江源村目前在乡村振兴与生态文明建设上均取得了一定成绩,为更好地实现长江源村乡村振兴与生态文明建设的有机衔接,邓宏兵从编好一份乡村振兴与生态文明建设的规划、唱响一首脍炙人口的村歌、打造一个高原乡村振兴课堂、完善一套特色产业体系等十个方面,为唐古拉山镇长江源村提出了发展建议。

乡村振兴关键是产业要兴旺,产业兴旺需要引导更多资本、人才、技术要素流向农业农村。紧扣乡村振兴"产业兴旺"这一要求,邓宏兵进一步提出,政府应当进一步优化营商环境,招商引资与鼓励创业并重,大力发展民族手工业、生态旅游业、生态畜牧业,让每一位村民都有参与感;应牢牢把握习近平总书记提出的"紧紧扭住教育这个脱贫致富的根本之策"这一要义,大力发展教育事业,提高教育水平,不仅要大力引进高素质人才,更要注重培养热爱家乡、愿意回馈家乡的新时代人才;善于挖掘与把握民族文化的独特魅力,借助现代传媒工具、数字技术等,通过数字与文化融合、数字与产业融合,借助数字经济这股东风实现高质量发展。

此次探访青藏高原之行,中国地质大学(武汉)在长江源村挂牌"大学生乡村振兴学校实践基地",未来将进一步关注青藏高原地区乡村振兴。长江流域高质量发展研究团队在长江源头第一镇唐古拉山镇挂牌成立了"中国地质大学(武汉)长江源生态文明与绿色发展研究基地"。本次长江流域高质量发展研究团队在青藏高原地区开展的科学考察为新时代乡村振兴与生态文明建设有机衔接打开了新思路,返回武汉后,团队成员马不停蹄地开始撰写本次科考报告,并计划进一步固化成果,形成一系列以"长江源区乡村振兴与生态文明"为主题的考察报告及学术论文,跟踪调查长江源区居民生态文明意识,开展乡村振兴与生态文明建设水平评估,助力长江源区民族手工业、生态旅游业、生态畜牧业等特色产业发展,实现长江源绿色高质量发展。

长江流域高质量发展研究团队成员调研长江源村(焦弘睿 摄)

据悉,2017年,中国地质大学(武汉)启动建设"大学生乡村振兴学校",结合专业实践服务国家乡村振兴战略。5年来,中国地质大学(武汉)与云南保山、湖北恩施等5省8市(县)共建"乡村振兴学校实践育人基地",引导学生驻点开展"乡村振兴系列"主题实践,共有70多支专项社会实践团队、1000余人次开展驻村实践活动。他们走村入户"访民情",调查研究"谋发展",用实践和真知谱写青春"乡约",用奋斗和担当唱响强国赞歌。

(原载于2022年9月13日中国社会科学网,有改动)

青衿之志，履践致远

——记中国地质大学(武汉)第二次大学生长江源科考

汪钰婷

时刻挂在我们心上

是一个平凡的愿望

愿亲爱的家乡美好

愿祖国啊万年长

听

风雪喧嚷

看

流星在飞翔

我的心向我呼唤

去动荡的远方

这是1958年10月上映的苏联影片《在那一边》的主题歌《歌唱动荡的青春》歌词片段，由著名作曲家巴赫慕托娃创作。她用一条革命浪漫主义的线把几代共青团员联结了起来：年轻一代从老一辈的手中接过十月革命的圣火，并且要世世代代接续下去。

歌词似乎也没有说什么具体的故事，但一句"去动荡的远方"，总会戳中我心里关于理想、关于青春的悸动。跟前辈们相比，我们当代中国大学生的青春犹如一潭清水，平静如镜，即使偶泛涟漪，也不过是一些学业、生活中的小小的挫折，不久便又归于平静。

但我思来想去，始终渴望一种"江"一般的有惊涛、有波澜的生活，期待着去做些不一样的事情，有意思或有意义，能给当下或未来的祖国和人民带来一些改变的事情，去实现一种类似"少年当有凌云志，万里长空竞风流""今朝唯我少年郎，敢问天地试锋芒"的情怀。我从小在江边长大，生长在长江边上的女孩，怎么能没有一点"江"的精神呢？

我对长江最初的印象起始于大人们口中1998年的特大洪水，虽然我本身没有关于洪水的记忆，但是这个特殊的年份似乎就预示着我与长江之水结下了不解之缘。

大江大湖大武汉，长江是武汉非常重要的一部分，分割了武汉三镇，也赋予了武汉"江城"之名。我住在三镇之一汉口的长江边上，汉口江滩是我童年记忆不可分割的一部分。小时候，我经常从沿江大道散步到汉口江滩公园，记忆里满满都是沿江大道上树木在路灯下斑驳的光影、爽利而又有烟火气的武汉话、放风筝的小孩、谈情说爱的年轻人、健身锻炼的老人以及汉口江滩的风和晚霞。随着年龄渐长，高楼盖起来了，灯光多起来了，璀璨的江边夜景似乎有些覆盖了童年的记忆。不能说这是一件坏事，毕竟江城武汉的烟火气和生活气息依旧，但是随着武汉城市的发展变迁，记忆里的半城江色、半城湖光渐渐被不太有区分度的江滩灯光秀所取代，让我愈发怀念长江最初的样子。

对于久居长江中游的我来说，长江的源头仿佛是一方远离尘嚣的净土，与此同时还蕴含着无穷多对我而言非常神秘的地学奥妙，神秘而又美好。探索长江源头的奥秘，哪怕只是一个机会，对我来说都是一件非常有吸引力的事情。因此，在学校公开发布第二次大学生长江源科考队员招募遴选的通知时,我便有种溯源波澜壮阔万里长江的联想,第一时间报了名。

选拔的周期其实挺长的,报名在3月,经历了漫长的体能训练、专业技能学习和两轮考核后,终于在7月公布了最终名单。但这几个月发生的事情其实也可以说是浪漫又热血——在2022的春天里,有200余名地大学子热血沸腾,同我一样怀揣着对长江源头的神往、对祖国土地的热爱、对乡村振兴的期待,报名了本次科考;第一轮筛选后,50枚"种子"破土发芽,经历3个月狂风骤雨般体能训练的考验;第二轮筛选后,在2022年的夏天,最终入选的17名队员携手来到这片广袤的西部土地。从一开始大家的腼腆慎言,到现如今大家的无话不谈,我们相遇相知、相识相伴。

这次为期十多天的科考考察范围大、任务重、涉及学科多,因此这段时间的酸甜苦辣和等待名单的忐忑不安还没被确认入选的消息冲淡,我便需要立刻投入人文与社科组紧张的前期学习和准备工作中。在征途中,偶有感悟,但似乎也不像我想象中的那般波澜壮阔,更多的

考察途中(邓宏兵 摄)

日常其实是繁重的任务、紧凑的行程、偶发的高原反应,身体与精神的双重疲惫让我没有时间停下来思考。

返程后,整理着一张张照片、一份份访谈资料,我突然意识到,过去的半个月里,作为大学生的我们完成了一项用脚步丈量长江之长和高山之高、用双眼见证高原牧区的乡村振兴、用青春攀登雪域高原的壮举。这或许称不上多么伟大,但是确实给了我极大的震撼以及一种领衔受命的责任感。无论是当地的风景还是人民,都在我脑海里深深烙下对于祖国西部更加鲜活的印象,让生长在长江中游的我真正认识到长江源头。

作为人文与社科组的一员,我对长江流域的地质地貌、水文特征、气候特点说不上有多么了解,我对长江的印象更多的是一个"母亲河"的概念——万里长江横贯中国东西,穿越巴山蜀水、云贵高原,流经荆楚大地,滋润江南水乡,跨越西南、华中、华东三大经济区,最后注入东海,无私地孕育了中华文明,养育了无数的中华儿女。

然而不知从什么时候起,理应被我们敬为母亲的长江开始发出痛苦的呻吟,提醒着我们保护长江的重要性和紧迫性,提醒着我们"共抓大保护,不搞大开发"。始终奔腾不息的长江也有脆弱的地方,长江源作为长江生态最敏感的区域,一举一动关系整个流域生态变化,其河流规律和生态指标对长江流域具有指示和参考意义。非常荣幸也非常不幸,我们迈出的或许便是这追根溯源、寻病探因的第一步。

青衿之志,履践致远。我们参与第二次大学生长江源科考的这一年不只是地大70周年华诞,更记录了17个少年曾经心怀共同的理想,度过的不那么平凡的,一起笑过、累过、共同努力过、激昂过的青春。身为中国的新生代力量,作为中国新时代大学生,我们有责任担起乡村振兴的大旗,心怀理想,前往动荡的远方,把学习到的知识运用到实践中去。

最后引用《红星照耀中国》一书中我最喜欢的一段话与大家共勉："世界的变化，不会自己发生，必须通过革命，通过人的努力。我因此想到，我们青年的责任真是重大，我们应该做的事情真多，要走的道路真长。从这时候起，我就决心要为全中国痛苦的人、全世界痛苦的人贡献自己全部的力量。"

无论身处何种环境，我们都要用自己身上的荧荧之火照耀前进的道路。中国不仅仅有北上广深，还有一片广阔雪域高原大有可为——在这里，我们可以用脚步丈量乡土中国，用双眼见证生命历程，用双手实现乡村振兴。愿我们能成为我们这代人的一个引子，引领大家怀着一颗赤子之心，化身为闪闪红星照耀中国。

在洪流中看见具体的人

——记中国地质大学（武汉）第二次大学生长江源科考

汪钰婷

"满足人民日益增长的美好生活需要"我们对这句话太过熟悉，以至于偶尔会忽略我们现在的美好生活也是经历了一代代人的努力才得来的。入户调研的这几天，我们在长江源村的街道里穿梭，两户人家让我印象深刻：一户访谈对象是一位毕业不久的大学生，另一户访谈对象则是一位从业半生的藏文老师。师、生两个视角的观点让我重新认识乡村教育和人才振兴这两个大的命题落到具体的人、具体的家庭上会产生怎样的火花。

在走访长江源村第一户居民时，我遇到了一位正在绘制唐卡的藏族小伙子才仁三周。唐卡是藏族文化中一种独具特色的绘画艺术形式，具有鲜明的民族特点、浓郁的宗教色彩和独特的艺术风格。唐卡被称为藏族的"百科全书"，也是中华民族民间艺术中弥足珍贵的非物质文化遗产。

在和才仁三周的交流过程中我了解到，这位藏族小伙子在本世纪初作为生态移民从沱沱河地区搬迁到长江源村，之后走出长江源村接受教育，现在学成归来，用自己所学反哺村庄。

目前，才仁三周主要是自己创业，以创作、销售唐卡的方式来获得收入，并且希望未来能够继续精进自己的技能，能够在唐卡创作上更上一层楼。他的身上有着藏族青年的激情与热情，在他看来，自己十分热爱唐卡,创作唐卡是自己的追求,能够从事自己热爱的事业并且能够养家糊口给他带来了极大的幸福感和获得感。受过教育的才仁三周对政策也十分敏感,他说政府近几年比较关注和支持藏餐、手工艺品等非遗文化传承,会通过招商引资、创建合作社等方式帮助移民进行创作、销售。这是长江源村非常典型的年轻人形象,既拥有藏族人民的民族特征,展现了当代青年的聪明机敏、灵活变通,又体现了新时代大学生的风貌和责任担当。

我们走访的另一户人家则是非常典型的教师家庭,夫妻都是藏文老师,携手育人,多年来始终奋斗在教学一线,把青春年华默默地奉献给当地教育、乡村教育、民族教育。

这户人家的女主人介绍,她家里有四口人,她与爱人都是藏文老师,除了英语之外全科都教,两个女儿都受过高等教育。她1994年毕业后在沱沱河工作,2004年作为生态移民,从海拔4700m左右的沱沱河地区搬迁至海拔2700m左右的长江源村,由于自己的心脏做过手术,比较适应长江源村低海拔的生活环境。但当问到她是否愿意去更适合自己身体的地方生活时,她给出了这样一个回答:"愿意,不过也不是太愿意,因为这边(教育)还需要咱们。"

女主人用朴实的语言讲述了她眼中这些年当地的教育情况:"我们两口子在沱沱河的时候刚结婚,1994年我参加工作,4月结的婚,第二年有孩子了,我们把孩子生下来的那段时间特别艰苦,学校老师特别少,100多个学生只有七八个老师,校长都代课。我带的是毕业班,12月份大冬天的,我前一天生下小孩,第二天就赶紧去上课。所有村里的学生都集中到我们一所小学里,基本都是住校生。我们老师既要代课,又要给孩子们做饭、洗碗刷锅。我和先生都是藏文老师,我俩带着11个学生,周末还要去学校给他们做饭。我心脏不行,做过手术,在讲台上晕倒过好几次,每次都是学生过来搀着扶着,把板凳搬上说

'老师老师,快来坐着'。我先生到了退休年龄,很多家长特别舍不得,说他教得好,是骨干老师,希望他晚点退休,所以他今年还要继续教学。目前村子里只有一个小学,初中生需要到市里面的学校就读。"这位老师由衷地希望当地能够建设初中、高中,这样可能对于孩子们会更好。

当被问及愿意子女们留在当地陪伴二老还是跟着子女一起到外地生活,作为母亲的她给出了截然相反的回答:"也许到外地吧。咱们肯定要跟着下一代走,不可能让下一代人跟着咱们,不然她们的大学不是白读了吗?"

这两户人家都在用行动反哺着这片土地。作为前辈,藏文老师经历了移民、心脏手术、多年教育工作,深深了解当地的生活、医疗、教育情况,虽然知道外地或许更好,也期盼着子女能够有更好的发展,但夫妻二人依旧多年如一日地把青春年华奉献给当地教育;作为后生,才仁三周或许没有如前辈那样深刻的感慨,但亲眼见证家乡近年来的快

汪钰婷(右)在问卷调查途中(邓宏兵 摄)

速发展,生于斯长于斯,也依然选择受过教育后重归故土,让唐卡艺术在其发源地继续传承。

  从理论的云端站回乡土大地上,我在倾听、记录具体的人,他们也反过来在影响着我。这些生动的人用他们的生活和经历告诉我们,前辈们经历过的苦难应该成为后辈们脱离沼泽的力量,我们应该歌颂的永远不是苦难,而是那些突破苦难、走出困境、感恩奋进的勇气。

共饮长江水

——记中国地质大学(武汉)第二次大学生长江源科考

焦弘睿

喜迎党的二十大,适逢中国地质大学(武汉)建校70周年,时隔20年,中国地质大学(武汉)再次组织了大学生长江源科考队。第二次大学生长江源科考队由17名青年学生与19名老师组成,细分为地质组、地理组、水文与生态组、冰川勘测组、人文与社科组五个小组,在为期半个月的科考时间内,完成了综合科学考察。

作为人文与社科组的成员之一,我先后来到了长江源村、格日罗村、努日巴村等多个村落,围绕"长江源居民可持续生计与幸福感"和"长江源生态文明建设与绿色高质量发展"两大主题,了解长江源生态移民后居民生活现状,进行生态环境保护意识调查。在正式启程之前,我便进行了大量的文献阅读工作,自主学习社会科学调查研究的相关知识。风笑天教授撰写的《社会学研究方法》一书成为我的伙伴,基于书中方法的指导及对所调研地区的了解,我在导师、师兄、师姐的指导下,经过多轮讨论修订,终于在出发前,敲定了问卷的终稿。带着沉甸甸的问卷,带着满腔的热血,我跟随大部队踏上了前往长江源的征程。

即便在出发前已尽可能多地完成资料收集工作,但在真正开展工作的过程中,我仍然遇到了不小的困难。首先,在整个科考调查过程中,我需要与来自不同文化背景的牧民交流沟通,完成半结构访谈、问卷调查等社会科学工作,作为一个非完全社科专业背景的学生,整个过程我如履薄冰。其次,在出现强烈的高原反应、身体状态不佳的情况下,我还要化身"多面手",完成宣传、访谈、调查、拍摄、组织活动等多项任务,这对我的体能来说是一个极大的挑战,即便在每天已经高强度作业的情况下,仍然需要克服自己的生理惰性,完成科考日记、访谈纪要汇总等一系列工作。

在牧民家中调研访谈(汪钰婷 摄)

在整个科考过程中,我印象最深刻的是在格日罗村采访的一个读高中二年级的小姑娘——泽吉。她的年龄与长江源村的村龄大致相仿,她本人曾在长江源民族学校读书,由于每个寒暑假都会回到草原上放牧,因此她对长江源村的生活和游牧生活有着自己的感受。当在访谈中被问及长江源村的新生活与游牧生活相比有哪些不同时,泽吉不假思索地说:"医疗条件更好,通信条件更好,交通条件更好……在长江源村的时候,我能接触到更大的世界,对于我想要获得的资料、我感兴趣的问题,都可以很便捷地寻找到答案,但是在放牧的草原上,信号不是很好,我可能要走很远的路才能够接收到信号。"和泽吉有同样感受的还有格日罗村另一户人家的两位小姑娘,两姐妹都在拉萨读书,两姐妹的兴趣都是舞蹈,当被问及毕业后希望从事什么职业时,姐妹两人都热情地表示"在草原之外的世界找到了自己的兴趣,所以未来想继续舞蹈",当同行记者邀请她们展示一下舞蹈时,两人都大大方方地展示着曼妙舞姿,从她们的舞蹈中我们感受到了藏族同胞对生活的热爱。在舞蹈的瞬间,她们是整个草原、整个世界的主人。这三个小姑娘对生活和爱好的理解给我留下了深刻的印象,她们不仅仅生活富有,精神上也同样富足。走出草原,她们拥抱着更大的世界;回到草原,她们是这片草原的守护者。

在加入长江源科考队伍的伊始,我便不断地问自己,要如何开展自己的科研任务,如何安排自己的科考计划,才能够为学校、为青海人民交上一份满意的答卷。在整个科考过程中,随着我看到、听到、经历得越来越多,我逐渐明晰了自己的使命。当前我国区域协调发展研究方兴未艾,保护好长江母亲河、探索长江源区绿色高质量发展路径,将实践与知识相结合,将论文写在祖国的大地上,为各族人民谋幸福,这便是我的艰巨使命。

拥抱草原(汪钰婷 摄)

不尽长江滚滚流

——记中国地质大学(武汉)第二次大学生长江源科考

焦弘睿

直到我坐在家楼下的咖啡店,开始打下这篇文章的标题时,我才真正意识到,这次大学生长江源科考活动真正结束了,那些"身体在地狱,眼睛在天堂"的日子,那些每天如同踩在棉花上的、头重脚轻的日子,那些每天困到倒头就睡,但因为缺氧无论如何都睡不着的日子,全部都结束了。我清楚地明白,那些滚烫的日子可能会成为我一生的宝贵财富。我在这次科考活动中所看到的风景,遇到的可敬的老师、前辈以及那些可爱热情的牧民,都仿佛发生在昨日,并且我将在未来很长的一段时间里都无法忘怀。

我很荣幸能够来到地大,本科毕业这年恰逢地大70周年校庆,而我也将在地大开启全新的研究生旅程,同样是这一年,我又获得了前往长江源科考的机会,这仿佛是一种命运的巧合。按照朋友的玩笑话,我算是十足的"地大baby"了,地大占据着我成年后100%的青春,是无比浓重的一笔。因而在整个长江源科考过程中,我都将自己当作一个完全的地大培养的人才来看待,将这次科考作为我从会计学本科生过渡成为一名"位卑未敢忘忧国"的经济学研究生的转折点,想象自己肩负着研究国家经济走向的重任。这一路,我始终铭记着地大"艰苦朴素,求真务实"的校训,始终铭记着经济管理学院"宽信敏公,经国济民"的院训,从最初的选拔到三个月集训,再到正式科考,我始终严格要求自己,克服着一路的艰难困苦,始终询问自己应当如何勇担时代使命,如何更好地为牧区人民谋福利,如何更好地为生态文明建设与绿色高质量发展的有机统一贡献自己的智慧力量。

  长江是中华民族的母亲河,长江源头的健康直接关乎着下游的经济发展、人民生活。近几个世纪,由于种种原因,长江源出现了一系列极为严重的水文环境与生态环境退化现象。21世纪初,在生态移民政策导向下,一批逐水草而居的牧民,背井离乡,放弃了持续千百年的游牧生活,来到长江源村开启了全新的生产生活方式。他们是一群伟大的人,为了长江的健康而作出了极大贡献。长江源村定居点的房屋由政府统一设计建造,文化广场、学校、卫生所、养老院等公共设施齐全。像很多大城市一样,格尔木市也在高速发展变化中,牧民们移居到这个城市的边缘,想要融入这里的都市生活,无疑需要一个过程。如今将近20年时光过去,看到他们的生活质量得到明显的改善,我们感到无比欣慰。而对于从沱沱河畔搬迁下来的牧民来说,草原传统文化依然流淌在他们的血液中,牧民生活的记忆经常让他们魂牵梦萦,虽然身在新村,但他们仍然会定期回到曾经居住的地方,守护那片绿水青山。我们去调研的时候,他们正在为赛马节作准备。近两年因为新冠疫情的缘故,赛马节都取消了,今年节日重启,迎来了前所未有的高潮,所有人都期待着这场盛宴。虽然由于日程安排,我们无法亲临现场,但仍然能够从准备过程的热烈感受到这场盛宴的欢欣,最主要的是,牧民们是幸福着的,我们也就是幸福着的。

  作为本次长江源科考活动人文与社科组的队员,我最大的收获就是对长江源区的牧民生活有了立体了解,为之后展开更为详尽的科学研究奠定了坚实的基础。结合对长江源村的走访和与唐古拉山镇牧民的沟通,切实感受着生态移民后牧民生活在交通通信、教育医疗等方面翻天覆地的改变,听着牧民对生态移民政策发自内心的赞同和对政府的高度赞扬,我为党和国家感到自豪。在整个科考过程中,我对长江母亲河的感情也更加深刻和真挚。一条长江贯穿南北,长江源头的稳定幸福与长江流域的每个人都息息相关,"长江大保护"不仅是一句口号,更应得到更大规模、更大范围的践行。

在长江源村调研(李江敏 摄)

在这篇感悟的最后,我想感谢我的学校,祝贺地大70华诞快乐!同时,我想感谢我的祖国,有国才有家,祖国的繁荣昌盛是我们生活幸福的根本来源,我想我们青年学子,同样应当为祖国的繁荣昌盛贡献自己的力量,成为时代洪流中勇敢发光发热的人。

许下天愿(张典 摄)

图书在版编目(CIP)数据

长江源生态文明建设与高质量发展研究/邓宏兵,李江敏,朱荆萨主编. —武汉：中国地质大学出版社,2023.6
(长江经济带研究丛书.生态文明建设与绿色发展系列)
ISBN 978-7-5625-5524-7

Ⅰ.①长… Ⅱ.①邓…②李…③朱… Ⅲ.①长江流域-生态环境建设-研究②长江流域-区域经济发展-研究 Ⅳ.①X321.25②F127.5

中国国家版本馆CIP数据核字(2023)第043124号

长江源生态文明建设与高质量发展研究	邓宏兵　李江敏　朱荆萨	主编
责任编辑：张玉洁		责任校对：张咏梅
出版发行：中国地质大学出版社(武汉市洪山区鲁磨路388号)		邮政编码：430074
电　　话：(027)67883511　　传　　真：(027)67883580		E-mail:cbb@cug.edu.cn
经　　销：全国新华书店		https://cugp.cug.edu.cn
开本：787毫米×1092毫米　1/16		字数：137千字　印张：10.5
版次：2023年6月第1版		印次：2023年6月第1次印刷
印刷：湖北金港彩印有限公司		
ISBN 978-7-5625-5524-7		定价：58.00元

如有印装质量问题请与印刷厂联系调换